iPhone达人的
50个酷炫项目

［美］ Guy Hart-Davis 著

许家乐 译

人民邮电出版社

北 京

图书在版编目（CIP）数据

iPhone达人的50个酷炫项目 / （美）戴维斯
(Davis,G.H.）著；许家乐译. -- 北京 ：人民邮电出版
社，2013.8
  ISBN 978-7-115-31998-2

  Ⅰ. ①i… Ⅱ. ①戴… ②许… Ⅲ. ①移动电话机－基
本知识 Ⅳ. ①TN929.53

  中国版本图书馆CIP数据核字(2013)第105297号

内 容 提 要

　　如果你以为 iPhone 只能打电话、听音乐、拍照、上网、玩游戏，你就太 OUT 了，iPhone 达人告诉你，iPhone 的功能远非这些。跟随本书的脚步，你就能走进 iPhone 的下一阶段。例如，把它变成你的家庭录音室、汽车音响、专业水准的摄像头，把你的计算机改造成商务计算机，在外部环境不利的情况下保护你的 iPhone 手机，在你的 iPhone 上玩《创世纪》、任天堂和街机游戏，同时也讲解了如何使用 Wi-Fi 以及许多远程功能。本书将一步一步地指导你如何成为 iPhone 技术达人。本书适用于广大的 iPhone 用户和"果"粉们。

　◆ 著　　　　　[美] Guy Hart-Davis
　　译　　　　　许家乐
　　审　　　　　周　明
　　责任编辑　　宁　茜
　　执行编辑　　魏勇俊
　　责任印制　　彭志环　杨林杰

　◆ 人民邮电出版社出版发行　　北京市崇文区夕照寺街 14 号
　　邮编　100061　电子邮件　315@ptpress.com.cn
　　网址　http://www.ptpress.com.cn
　　北京中新伟业印刷有限公司印刷

　◆ 开本：800×1000　1/16
　　印张：18.25
　　字数：315 千字　　　　　　　　2013 年 8 月第 1 版
　　印数：1 – 3 000 册　　　　　　 2013 年 8 月北京第 1 次印刷

　　著作权合同登记号　图字：01-2012-7765 号

定价：59.00 元
读者服务热线：(010)67132837　印装质量热线：(010)67129223
反盗版热线：(010)67171154
广告经营许可证：京崇工商广字第 0021 号

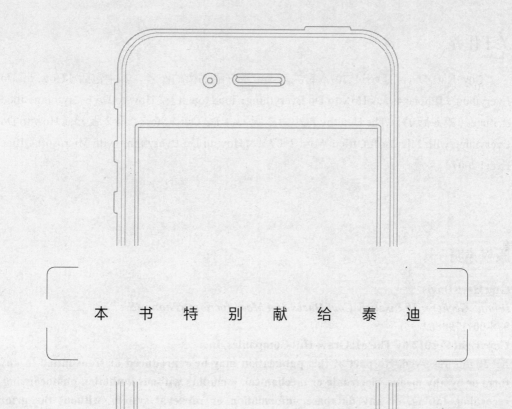

本 书 特 别 献 给 泰 迪

关于作者

Guy Hart-Davis 是超过 70 本有关苹果电子产品书籍的作者，其中包括《How to Do Everything：iPhone 4s》、《How to Do Everything：ipod touch》、《How to Do Everything：ipod & itunes（第 6 版）》、《The Healthy PC（第 2 版）》、《PC QuickSteps（第 2 版）》、《How to Do Everything with Microsoft Office Word 2007》、《How to Do Everything with Microsoft Office Excel 2007》。

版权声明

致谢

我要特别感谢以下这些人对本书的帮助：

- 感谢 Roger Stewart 对于本书的建议和提高
- 感谢 Molly Wyand 处理本书的收购事宜
- 感谢 Bill McManus 使用 Light Touch 多点触摸投影机对本书进行编辑
- 感谢 Janet Walden 协助本书生产
- 感谢 Anupriya Tyagi 协助本书生产
- 感谢 Cenveo 出版商提供的版面编排服务
- 感谢 Emily Rader 对本书进行校订
- 感谢 Jack Lewis 创建索引

介绍

你想让你的 iPhone 发挥极限的功能——甚至超越极限吗？

如果你的答案是肯定的话，这本书将非常适合你。

这本书将告诉你如何通过最大限度使用苹果公司推荐你使用的特性来获得 iPhone 最大限度的功能——然后用苹果公司并没赋予它的能力来扩展你的 iPhone。

这本书都包括什么？

下面是这本书包括的内容。

- 章节 1，"音乐和音频技术达人"，本章将揭开本书的序幕，向你展示如何从不同的计算机上同步音乐或者其他内容，而不是只能在一台计算机上操作。然后，你可以学习如何使用你的 iPhone 作为你的家庭音箱或者车载音响，如何从你的歌曲里面创建自定义铃声以及如何顺利地在所有设备上共享你的音乐。我将告诉你如何在你的 iPhone 上录制高品质音频，如何用你的 iPhone 弹吉他，如何在你的 iPhone 上录制乐队现场演奏，甚至用你的 iPhone 代替现场乐队。

高级技术达人
为什么这本书比其他的 iPhone 书籍更好？

和其他有关 iPhone 的书籍不一样的是，这本书假设你已经知道如何使用你的 iPhone——如何拨打语音电话和视频通话、浏览网页、安装应用等。（如果你还不知道如何做以上这些事情的话，那么请你找一本同样是我写的书《全能助手：iPhone 4S》，这本书也是由麦格劳-希尔教育出版公司出版发行的，这本书将详细地告诉你以上这些功能如何实现。）

本书假设你已经是一个中级或高级的 iPhone 用户——同时你也想在这方面获得更高级的知识。所以基于此点，整本书为你介绍最有价值也是你最希望获得的好东西，而不是在你已经知道的基本功能上浪费时间，最后再以几页简单的高级应用结束。

☐ 章节 2，"照片和视频技术达人"首先将告诉你如何在任何地方观看你的 iPhone 上的视频和 DVD，无论是在你的手机窗口上，还是在你所能连接的电视上。然后我们将深入挖掘照相技术：使用照片流轻松地分享你的照片，进行宏观拍摄和全景照相，抓拍高质量的自拍照和拍摄有延时的电影。最后，我们将使用一个摄像机稳定器，这样在移动中拍摄视频的时候，将可以确保你的 iPhone 保持稳定，我们还会来看看如何从任何地方在你的 iPhone 上查看你计算机上的网络摄像头。

☐ 章节 3，"将 iPhone 作为你的主计算机"将向你展示如何利用 iPhone 强大的计算能力和实际使用你的 iPhone 作为你的主要计算机。首先，你要学习一些专业技巧，这样一来你就可以用手机窗口上的键盘快速、准确地输入文本了。然后，你需要看看如何能为你的 iPhone 连接一个蓝牙键盘，这样你就可以全速敲打键盘来输入文本了。接下来我们将通过在你的 iPhone 上创建主要办公文档——Word、Excel、PowerPoint 和 PDF 文件等来使你的 iPhone 不仅仅作为移动存储设备，而是可以作为你的家庭网络或者工作组的文件服务器。在本章结束的时候，我们将把你变成重要邮件应用的高手，并且使你能直接使用你的 iPhone 进行演讲。

☐ 章节 4，"安全性以及故障排除技术达人"将教给你如何通过防止盗窃和非法入侵来保护你的 iPhone，在你将它弄丢以后如何进行跟踪查找，在你不能恢复你的 iPhone 上的数据时如何从手机上擦除数据。你还将学习到如何在潮湿或者肮脏的不安全环境下安全地使用你的 iPhone，如何解决软件问题和硬件问题，以及在你的 iPhone 出现软件问题或者你想把它卖掉的时候如何将它恢复到出厂设置。

❑ 章节 5，"蜂窝数据、无线网络和远程技术达人"首先向你展示如何从运营商上解锁你的 iPhone，这样你就可以将你的手机连接到任何一个不同运营商的网络上。然后你将学习到如何与你的计算机或者设备分享你的 iPhone 网络连接，如何在你的 iPhone 上操纵你的 PC 或者 Mac，如何在互联网上通过使用一个虚拟的私有网络（VPN）将你的 iPhone 连接到你公司的网络上。最后，我们将讨论如何使用 VoIP 而不是手机的蜂窝网络来拨打电话。

❑ 章节 6，"'越狱'和先进技术技术达人"首先将向你展示如何安全地为你的手机进行备份，然后将告诉你如何对你的 iPhone 进行"越狱"，将它从苹果公司在手机上面设置的限制中解锁。接下来你将学到如何寻找并安装苹果公司没有提供的第三方应用，如何通过 SSH 连接到你的文件系统，并向它传输文件，如何在 OS 操作系统分区上恢复被浪费的空间。你将学习如何应用主题来改变你的 iPhone 的用户界面，如何在 3G 网络连接下使用只能用 Wi-Fi 无线网络运行的应用，如何在模拟环境下享受家用机和街机游戏。此外，我们将看看如何拆开你的 iPhone，并在上面安装一个个性化后壳，并且嵌入一张近场通信卡进行免接触支付。最后——仅仅在你想要的情况下——将你的 iPhone "反越狱"回原来的苹果系统。

本书中使用的约定

为了在不使用更多不必要的词语的情况下来使文章意思表达明确，本书将使用一系列的约定，其中一些值得在此说明一下，这些约定如下所示。

❑ 在一些重要话题上，高级技术达人侧边栏提供了深层次的关注。

 注意段落会突出显示额外的信息，你可能会找到一些对你有用的信息。

❑ 管道符或者竖线表示从菜单中选择一个项目，这通常用在 PC 或者 Mac 上，但有的时候也用在 iPhone 上。例如，选择"文件|打开"意味着你应该点击文件菜单并且选择它上面的"打开"按钮。如果你希望的话，你可以使用键盘、鼠标，或者两者同时使用。相似的是，选择"设置|通用|关于"意味着你应该在你的 iPhone 的主屏幕上点击"设置"图标，再点击"通用"按钮，然后点击"关于"按钮。

提示段落将给你提供有用的技巧、技术和解决方案。

❑ 符号 ⌘-在 Mac 上代表命令键——在绝大多数 Mac 的键盘上，这个键代表着苹果符号和全方位标志。

 需要注意的段落可以帮助你绕开陷阱。

❑ 大多数的复选框有两个状态：被选中的（在它们上面会有一个复选标记）和未被选中的（在它们上面没有复选标记）。这本书将告诉你如何选择一个复选框或者清除一个复选框，而不是在框中点击来放置一个复选标记或者点击从而删除框中的复选标记。通常，你将需要分辨复选框的状态，因为它可能已经有所需要的设置，在这种情况下，你就根本不需要再去点击它。

C O N T E N T

目 录

第 1 章
音乐和音频技术达人

苹果公司以 iPod 为开端,发展出现在一系列的便携设备——所以毫无疑问,你的 iPhone 在播放音乐或者制作音频方面拥有着强大的功能。

在最基本的层面上,你的 iPhone 是非常适合在移动中播放音乐的。我打赌你已经知道该如何操作这些功能,所以我们在这本书里将不在这些方面多做介绍。但是为了在你的 iPhone 上准确地播放你想要的音乐,你将很可能需要将你的 iPhone 连接到除你的主计算机之外的其他计算机上。本章将从如何从多台计算机上同步音乐或者其他内容开始。

接下来,我们将看看如何将你的 iPhone 作为你的家庭音响或者汽车音响。然后,我们将探讨如何从你的音乐中创建属于你自己的免费自定义铃声,以及如何通过使用苹果的家庭共享功能和 iCloud 服务在你的 iPhone、你的计算机和其他使用 iOS 操作系统的设备之间分享音乐。

本章的末尾,我们将研究如何在你的 iPhone 上录制高质量的音频,如何通过你的 iPhone 演奏吉他,如何使用你的 iPhone 来记录乐队的现场演奏,以及在乐队无法演奏的时候,如何使用你的 iPhone 来进行伴奏。

项目 1: 通过多台计算机为 iPhone 下载文件

如你所知,你可以通过以下两种方式中的任何一种来同步你的 iPhone:使用 iCloud 在线服务或者使用你的计算机。

iCloud 可以说是未来的发展趋势,它是一个在你的设备之间保存你已经同步的音乐或者其他内容的很好方式,这些设备包括你的 iPhone、你的计算机或者你所拥有的其他 iOS 设备(比如说一个 iPad 或者 iPod)。实际上,你甚至都不需要一台计算机,你完全可以在你的 iPhone 或者其他 iOS 设备上完成这些操作。然而,如果你有大量的音乐和视频要同步,或者你的网络连接速度很慢甚至不能用的时候,通过计算机同步数据对你来说可能会更好一些。苹果公司已经为你想到了解决的方法——你可以下载最新版的 iTunes，将它安装到你的 PC 或者 Mac 上，这样，你就可以在几分钟之内完成数据同步。

但是，如果你想要通过多台计算机而不是一台计算机将内容下载到你的 iPhone 上怎么办呢？

苹果公司在设计 iPhone 和 iTunes 的时候是这样假设的，那就是你所同步的数据都是来自同一台计算机。很多人，也可能是大部分人都将会这样做。但鉴于你读了这本书，你将可能成为特殊人群中的一员，这些人想从多台计算机上向 iPhone 下载数据。

这个项目就将会告诉你该如何去做。我们将从局限性开始讲起。

了解什么是能同步的，什么是不能同步的

下面是你用多台计算机同步你的 iPhone 时所需要知道的事情。

❏ 你的 iPhone 一次只能从一个 iTunes 资料库里同步资料。所以，如果你使用 iPhone 桌面上的 iTunes 资料库进行同步，你将不能使用你的笔记本电脑上的 iTunes 资料库进行同步，除非你将 iTunes 资料库从你的 iPhone 桌面上删除。

❏ iTunes 资料库包括音乐、电影、电视剧、铃声、广播和电子书。如果你要从一台计算机的 iTunes 资料库而不是你的 iPhone 默认计算机的资料库里同步这些项目的话，你必须把你的 iPhone 上已经存在的资料库删除。

❏ 苹果应用程序是独立于 iTunes 资料库的，但你只能将一台计算机上的应用程序同步到你的 iPhone 上。这台计算机可以是另外一台计算机，而不是那台你要从上面的 iTunes 资料库同步音乐、电影和其他资料的计算机。用另外一台计算机同步应用程序将会删除你的 iPhone 上现有的所有应用程序（不包括那些内置的应用程序——你需要一个虚拟转换器去转换这些程序）。

❏ 照片也是和你用来同步音乐的 iTunes 资料库独立的，但是你只能用你的 iPhone 从一台计算机上同步照片。用另外一台计算机同步照片将会删除你的 iPhone 上已经存在的照片（但不包括那些存在你手机的"相机胶卷"相薄中的照片和视频）。

❏ 那些在你的 iPhone 控制窗口上的"信息"选项卡上出现的项目，比如联系人信息、日历信息、邮件账户、书签和笔记等也是和音乐分开来处理的。当你开始用另外一个资料库为你的 iPhone 同步信息项目的时候，你可以进行两种选择，一种是将新的信息和已有的信息合并，另外一种就是你只需要简单地替换现有的信息。

❏ 你可以告诉 iTunes，你想要手动管理你的 iPhone 上的音乐和视频。如果你告诉 iTunes 要进行此项操作，你可以将你的 iPhone 连接到另外一台计算机，而不是连接到它默认的计

算机上，然后从这台计算机上将音乐和视频加载到你的手机上。但是，如果你将默认计算机的资料库调整回自动同步的话，你将失去从其他计算机上同步的所有音乐和视频资料。

🔲 因为版权的原因，iTunes 将限制你将 iPhone 上的音乐和视频文件复制到一台计算机上。例如，你不能将你的 iPhone 连接到你朋友的计算机上，然后将你的 iPhone 上的音乐复制到他的计算机上。请参见这个项目结束地方的侧边栏，里面将会告诉你如何绕过这些限制来进行操作——例如，在你的计算机崩溃以后，如何恢复你的 iTunes 资料库。

设置 iPhone，使它能从多台计算机上同步数据

现在，你知道了有关于同步问题的限制，让我们来看一看如何设置你的 iPhone，使它能从多台计算机上同步数据，而不是只有一台。

当你设置你的 iPhone，使它能从另外一台计算机上同步音乐和照片的时候，同步初始化可能会需要几个小时，这个时间将由所包含的数据量来决定。相比之下，同步信息（联系人、日历等）通常只会花费几秒钟的时间，同步应用程序可能需要花费几分钟的时间，同步应用的时间主要是由一共有多少程序和这些应用程序的开发人员为它们赋予了多少信息量来决定的。

使用现有的计算机同步你的 iPhone 上的所有数据

在你想要对你的手机做出改变之前，先将它连接到它现在默认的计算机上，然后进行一次同步。这将确保你对你的 iPhone 上最新的信息有了一个备份，一旦在你以后需要它的时候，这将会很有帮助。

改变你的 iPhone 进行音乐同步时候的 iTunes 资料库

想要改变你的 iPhone 进行音乐同步时候的 iTunes 资料库，按照如下步骤进行操作。

1. 将你的 iPhone 连接到计算机上，这台计算机上包含了你想要同步的音乐。
2. 在你的 iPhone 上的 iTunes 窗口的"源"列表中，点击进入"设备"选项，从而显示控制窗口。
3. 点击"音乐"标签，以显示"音乐"窗口。
4. 选择"同步音乐"复选框。
5. 使用这些控件来分辨哪些音乐是你想要同步的（见图 1-1）。例如，要么选择"整个

音乐资料库"选项按钮来同步整个资料库的音乐（假设你的 iPhone 有足够的空间可以放下这些音乐），或者选择"选定的播放列表、表演者、专辑和风格"按钮，然后为每一个你想要包含的项目选中对应的复选框。

 在这一点上，你也可以为其他项目选择同步设置，这些项目在音乐资料库变化的时候会受到影响，这些项目包括铃声、电影、电视节目、广播和书籍。

图 1-1 在"音乐"窗口，你可以选择是要同步你的资料库里面所有的音乐，还是只是选择你已选中复选框的播放列表、表演者、专辑和风格等选项

6. 点击"应用"按钮，这个键在你做出改变的时候会代替"同步"按钮，iTunes 会显示一个对话框（见下图），询问你是否想要抹掉数据并且同步资料库。

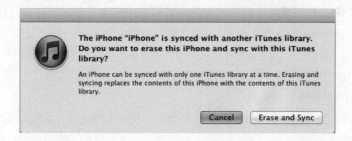

7. 点击"抹掉并同步"按钮。iTunes 将抹掉你的 iPhone 上已经存在的资料库项目，并用新的资料库里面你选择的项目替代它们。

改变你的 iPhone 想要同步信息的计算机

想要改变你的 iPhone 用来同步联系人、日历、邮件账户和其他信息时候使用的计算机，请按照如下步骤操作。

1. 将你的 iPhone 连接到包含你想要同步的信息的计算机。

2. 在你的 iPhone 上的 iTunes 窗口的"源"列表中，点击进入"设备"选项，从而显示控制窗口。

3. 点击"信息"选项卡，以便显示"信息"窗口（见图 1-2 ）。

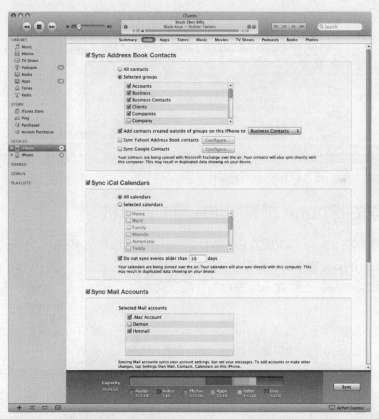

图 1-2　在信息窗口，选择从你的计算机同步到 iPhone 上的项目，这些项目包括通讯录、
日历、邮件账户，书签和备忘录等

4. 选择相应的复选框。例如，在一台 Mac 上，选择"同步地址簿中联系人"的复选框，或者选择"同步个人日历应用程序"的复选框，或者选择"同步邮件账户"的复选框，或者选择"同步 Safari 浏览器书签"的复选框，并且按照需要在其他框中选择"同步备注"复选框。

5. 使用每个复选框中的控制键来分辨哪些是你想要同步的项目。例如，在"所选邮件账户"列表框中，选择要同步的每一个邮件账户的复选框。

6. 单击"应用"按钮，这个按钮在你想要做出改变的时候会代替"同步"按键，iTunes 会显示一个对话框（见下图），这个对话框为你提供了如下两个选择：一种是用这些同步的信息取代你的 iPhone 上原有的信息，另外一种选择是将要同步的新信息与原来已经存在的信息合并。

7. 如果你想要替换信息的话，请单击"替换信息"按钮，如果你想要将旧的信息和新信息合并的话，请单击"合并信息"按钮。

改变你的 iPhone 想要同步应用的计算机

想要改变你的 iPhone 用来同步应用的计算机，请按照如下步骤操作。

1. 将你的 iPhone 连接到包含你想要同步应用的计算机上。

2. 在你的 iPhone 上的 iTunes 窗口的"源"列表中，点击进入"设备"选项，从而显示控制窗口。

3. 单击"应用程序"选项卡，以此来显示"应用程序"窗口（见图 1-3）。

4. 选择"同步应用程序"复选框。

5. 在列表框中，取消那些你不想要同步的应用程序的复选框，在默认情况下，所有这些复选框都是被选中的。

6. 如果你想让你的 iTunes 自动同步新的应用程序到你的 iPhone 上，选择"自动同步新的应用程序"复选框（这通常是很有帮助的）。

图 1-3 在应用程序窗口中，选择你想要同步到 iPhone 上的应用程序

7. 单击"应用"按钮。iTunes 会显示一个对话框（见下图），以确认你是否想要用这台计算机的 iTunes 资料库中的应用程序替换掉你的 iPhone 上原有的应用程序。

8. 单击"同步应用程序"按键。iTunes 会将应用程序同步到你的 iPhone 上。

改变你的 iPhone 想要同步照片的计算机

想要改变你的 iPhone 用来同步照片的计算机，按照如下步骤操作。

1. 将你的 iPhone 连接到包含你想要同步照片的计算机。

2. 在你的 iPhone 上的 iTunes 窗口的"源"列表中，点击进入"设备"选项，从而显示控制窗口。

3. 单击"照片"选项卡，以此来显示"照片"窗口（见图 1-4）。

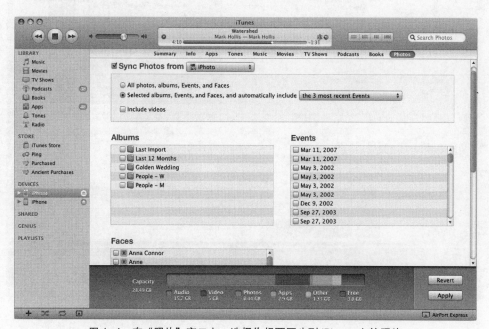

图 1-4　在"照片"窗口上，选择你想要同步到 iPhone 上的照片

4. 选择"同步照片"复选框。

5. 在"同步照片"下拉列表中，选择照片源。例如，在 Windows 操作系统下选择"图片"文件夹，而在 Mac OS X 操作系统下选择 iPhoto 文件夹。

6. 使用控制器来分辨哪些照片是要同步的。例如，如果你想要同步所有的照片，你可以选择"所有的照片、相册、事件和人脸"选项按钮（假设它们都适合在你的 iPhone 上显示）。或者选择"选定的相册、事件、人脸和自动包含"按钮，在下拉菜单中选择合适的项目，然后选择你想要同步的每一个相册、事件和人脸复选框。

7. 单击"应用"按钮。iTunes 会显示一个对话框（见下图），以确认你是否想要替换已经同步到你的 iPhone 上的照片。

8. 单击"替换照片"按钮。iTunes 会自动替换照片。

 如果你使用的是 Mac，你可以使用 iPhoto 或者"图像捕捉"软件从你的 iPhone 上将照片复制到你的 Mac 上。当你想要将你的照片按照事件进行收集整理，并且在 iPhoto 中编辑和管理它们时，你可以使用 iPhoto。当你只是想要从你的 iPhone 中获得照片（或者窗口截图，或者保存的图像），并将它们存放到你的 Mac 的系统文件夹中时，你可以使用"图像捕捉"软件。

高级技术达人
在你的 iPhone 上恢复你的音乐和视频

当你用你的计算机同步你的 iPhone 的时候，你的 iPhone 上所有的音乐和视频也被存放到你的计算机上的资料库中，这样你就不需要从你的 iPhone 上传送音乐和视频到你的计算机上了。这些项目包括你在 iPhonc 上从 iTuncs 商店中购买的音乐和视频。但是，如果你的计算机出现了问题，或者你的计算机被偷走了的话，你可能需要从你的 iPhone 上传送音乐和视频到新的或者修好的计算机上来恢复资料库。

要从你的 iPhone 上恢复音乐和视频的话，你需要一个工具，这个工具可以读取 iPhone 的系统文件。为了帮助你避免失去你的音乐和视频，iPhone 爱好者已经开发出一些强大的工具上，这些工具可以用来从你们的 iPhone 上的隐藏音乐和视频存储中将文件传输到一台计算机上。

在撰写本文时，几个可以将你的 iPhone 上的音乐和视频复制到你的计算机上的工具已经可以使用了。Digi DNA 公司的 DiskAid（24.90 美元；www.digidna.net；试用版本）对于 Windows 系统和 Mac OS 系统来说都是目前最好的工具。DiskAid（见下图）可以读取你的

iPhone 的资料库的数据库，并显示其中的内容，让你可以轻松地将它们复制回计算机上。

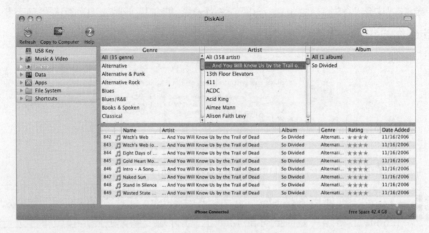

项目 2：让 iPhone 成为你的家庭立体声音箱

你的 iPhone 很适合在移动中播放音乐，但是你也可以使用它作为你的家庭立体声音箱。在这个项目里，我们将看到 5 种实现此项功能的最佳方法。

- 使用一个 iPhone 音箱底座。
- 用一根数据线直接将你的 iPhone 连接到你的立体声音箱上。
- 通过蓝牙或者一个无线电发射器将你的 iPhone 连接到你的立体声音箱或者扬声器上。
- 在一台 Airport Express 无线基站（苹果公司制造的一种无线接入点）上使用"飞乐"特性播放音乐。
- 当你出门在外的时候，用一个回音室迅速提升低音。

使用一个 iPhone 音箱底座

从你的 iPhone 上获得优质音量的最简单方法就是将它连接到一对有源音箱上（自带功率放大器的音箱）。你可以专门为你的 iPhone 购买一台音箱，这个音箱使用底座接口以达到高品质的输出。但你也可以使用任何有源音箱通过一个微型插头连接器（用于连接 iPhone 的耳机接口）接收输入，这样你的 iPhone 也能获得良好的音质。

高级技术达人

为什么你应该将扬声器接到底座接口而不是连接到耳机接口

当你将外置扬声器连接到你的 iPhone 上的时候，你可以有 2 个选择：一种是连接到耳机接口上，另外一种则是连接到底座接口上。

如果可能的话，尽量使用底座接口而不是耳机接口。在使用底座接口的时候，你可以直接连接一台扬声器或者使用一根有底座连接器的数据线，你也可以间接地将你的 iPhone 连接到一个底座上，然后通过底座的线路输出端口连接到扬声器上。

相比于耳机接口，底座接口可以提供稳定地输出电平和更加优质的音频质量（输出电平会根据音量设置的不同而有所差异），所以，底座接口是一个更好的选择。大多数专门为 iPhone 而设计的扬声器都会有一个底座接口，这样可以使它们能接收到线路输出端未变化的音频质量和持续的音量。

当你需要将扬声器连接到耳机接口而不是底座接口的时候，首先将你的 iPhone 的音量一直调到最低。耳机接口最高一共可以输出 60mW——每声道 30mW——这个功率可以传输一个足够高的信号造成预期标准音量的输入设备失真或者损坏。在你进行连接以后，打开音乐播放器并逐步地调高你的 iPhone 的音量，直到你觉得输入达到合适的水平为止。

将 iPhone 连接到你现有的立体声音箱上

如果你有一套很好的立体声音箱，你可以通过它来播放你的 iPhone 上的音乐。在这一节中，我们将看看如何使用一条数据线，通过蓝牙或无线电发射器将你的 iPhone 连接到你的音箱上。

使用一条数据线将你的 iPhone 连接到音箱上

将你的 iPhone 连接到立体音箱系统最直接的方式就是使用数据线。对于一个典型的接收器来说，你需要一条数据线，这条数据线的一端有一个小型插头，在另外一端则有两个 RCA 插头。图 1-5 显示了一个通过功放将 iPhone 连接到立体声音箱上的例子。

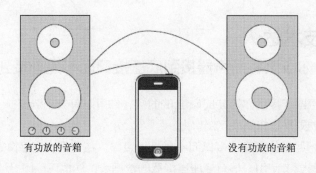

有功放的音箱　　　　　　没有功放的音箱

图 1-5　一条小型插头转 RCA 插头的数据线是将你的 iPhone 连接到音箱系统上最直接的方式

 　　　　一些接收器和便携式收录机使用一个单独的立体声小型接口，而不是两个 RCA 接口。要将你的 iPhone 连接到这样的设备上，你需要一个立体声的小型转小型数据线。确保这条数据线是立体声的，因为单声道放声小型转小型数据线是最常见的。一条立体声数据线在小型接口周围有两个橡胶环（如同大多数耳机一样），然而，一个单声道放声数据线则只有一个。

　　如果你有一个高质量的接收器和扬声器的话，拿一根高质量的数据线来把它们连接到你的 iPhone 上。与你花费在你的 iPhone 和立体声音箱上的数目相比，仅仅在数据线上节省一些小钱，反而降低它们之间的音频质量，明显是一个错误的决定。

 　　　　你可以使用各种家庭音频连接套装，这些套装包括满足你需要的各种数据线。这些套装通常都是很容易购买的，除非你的要求很独特。最后你会有一条或几条数据线是你不需要的，所以，如果你真的知道哪些数据线是你所需要的，在购买之前确保套装是否比单独的数线节约成本。

　　按照如下步骤将你的 iPhone 连接到你的接收器上。

　　1. 将小型接口连接到你的 iPhone 的耳机接口上。如果你有一个底座的话，那么就将小型接口连接到底座的线路输出接口。因为这能比耳机接口提供更加一致的音量和更高质量的声音。

　　2. 如果你在使用 iPhone 的耳机接口的话，一直将你的 iPhone 的音量调到最低。

　　3. 无论你使用的是哪种接口，把功放的声音也调小。

　　4. 将 RCA 接口连接到你的功放或者便携式收录机的一个输入端的左右两边——例如，AUX 输入或者录音带输入（如果你没在使用磁带舱的话）。

不要将 iPhone 连接到功放的唱机输入上。唱机输入具有较高的敏感性，这可以弥补一台录音机的输出缺陷。给唱机输入一个足够强的信号很可能会把它弄炸。

5. 开始播放音乐。如果你是在使用耳机接口的话，将声音调高一点点。

6. 调高你的接收器上的音量，这样你就可以听见音乐了。

7. 用两个控制器协调提高音量，直到你得到一个满意的音量。

你的 iPhone 如果输出音量太低的话，在你的功放提升信号的时候可能会产生噪音。如果输出音量太高的话，则有可能引起声音的失真。

使用蓝牙连接你的 iPhone 和立体声音箱

使用一条数据线将你的 iPhone 连接到你的立体声音箱上可以给你提供非常棒的音质，但这意味着你的 iPhone 是挂靠在一个地方的（除非你能像 20 世纪 70 年代的吉他手一样拥有一条足够你在房间里到处走的数据线）。如果你想在通过立体声音箱播放音乐的同时将你的 iPhone 拿在手里的话，试一试蓝牙吧。

想要通过蓝牙将你的 iPhone 连接到你的立体声音箱上，你需要一个像贝尔金蓝牙音乐接收器一样的设备（49.95 美元；http://store.apple.com 或者其他零售商）。这是一个蓝牙装置，它可以通过一条数据线连接到你的立体声音箱上。然后你可以通过蓝牙将你的 iPhone 连接到接收器上，并且通过电波播放音乐。这样做的话，音质将会比使用数据线要差一点，但你会感觉到这样做带来的自由会弥补这些缺憾的。

使用无线电发射器连接你的 iPhone 和立体声音箱

如果你不想将你的 iPhone 直接连接到立体声音箱上，并且你也不想购买一个蓝牙接收器的话，你可以使用一个无线电发射器来将你的 iPhone 上的音频传输到立体声音箱上。

如果这样的话，你得到的声音通常在音质方面会比有线连接要低一点，但是至少在通过立体声音箱收听传统的广播电台的时候，它会表现得一样出色。如果这对你来说已经足够的话，一个无线电发射器会成为在你的整个房子中使用 iPhone 播放音乐的最简便的解决方案。

使用无线电发射器还有另外一个好处：你可以在同一时间在几个不同的无线电频道上播放音乐，使你能在没有复杂和昂贵的重新布线的情况下，在你的整个住宅中享受你的音乐。

你可以将无线电发射器连接到你的 iPhone 上的耳机接口或者底部接口，设置好传输频率，然后设置播放音乐。当你调节你的无线电频率到预设的频率以后，它就会像一个普通的广播电台一样接收广播。

 想要了解更多关于使用无线电发射器的细节，请在下一个项目里面参见"用你的 iPhone 使用无线电发射器"。

最大限度地使用 iPhone 的"飞乐"特性

你的 iPhone 包含一个叫作"飞乐"的功能，它使在连接到 AirPort Express 无线接入点的远程功放上播放音乐成为了可能。

在 AirPort Express 上播放音乐

如果你有一个 AirPort Express 的话，你不仅可以用它为你家设置网络，也可以使用它在你的立体声音响系统上播放来自 iPhone 或者计算机的音乐。

如果想要通过一台 AirPort Express 播放音乐，请先像这样设置。

1. 使用一根数据线将 AirPort Express 连接到一台接收器上。AirPort Express 的线路输出接口结合了一个模拟接口和一个光纤输出，所以你可以通过下面 2 种方法中的任何一种将 AirPort Express 连接到接收器上。

❏ 将一条光纤数据线连接到 AirPort Express 的线路输出插座上，再将一条光纤数字音频输入接口连接到一个接收器上。如果连接的接收器有一个光纤接口的话，尽可能地使用这个接口以获得最好的声质。

❏ 将一条模拟音频数据线连接到 AirPort Express 的线路输出接口上，并且将 RCA 接口连接到你的接收器上。

2. 如果你的网络有一个有线接入口，使用一条以太网数据线将 AirPort Express 上的以太网接口连接到 HUB 或者交换机上。如果你有一个可以通过 AirPort Express 共享的数字用户线路（DSL）的话，使用以太网数据线连接到数字用户线路上。

3. 将 AirPort Express 插进电源插座。

　　现在，你可以通过点击"飞乐"图标播放你的 iPhone 上的音乐了，这个图标是以一个中空的矩形上面叠加一个坚固的三角形来表示的（见图 1-6 中左边窗口）。在打开的"飞乐"对话框中（见图 1-6 右边窗口），点击 AirPort Express 按钮。

图 1-6　点击"飞乐"图标（左侧窗口右下角的三角形和矩形图标），以显示"飞乐"
对话框（右侧所示），然后点击 AirPort Express 按钮

　　当你要切换回你的 iPhone 的扬声器时，再点击一次"飞乐"按钮，然后再点击 iPhone 按钮。

　　想要通过 AirPort Express 播放来自你计算机上的 iTunes 里面的音乐，你可以使用类似的方法。点击 iTunes 窗口靠近右下角的"飞乐"图标来显示弹出菜单，菜单上面有你能用的话筒（见下图）。然后在菜单中点击 AirPort Express 项目来直接将 iTunes 里的内容输出到 AirPort Express 上。

　　当从 iTunes 上播放音乐时，你也可以同时使用一台 AirPort Express 和你计算机自带的扬声器播放音乐。想要这样做的话，按照如下步骤操作。

　　1. 在 iTunes 中，点击"飞乐"图标。

2. 单击"多个扬声器"项目来显示"多个扬声器"对话框（见下图）。

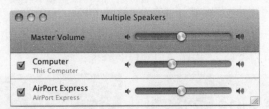

3. 在每个你想要使用的扬声器前面选择相应的复选框。
4. 拖拽音量滑块来调整扬声器的相对音量。
5. 单击"关闭"按钮（窗口上的×按钮，在 Mac 左上角的红色按钮）来关闭"多个扬声器"对话框。

用一个玻璃杯提高低音

当你拿着你的 iPhone 出去走走的时候，你可能并不会随身携带一台扬声器。如果在某个地方，你能将你的 iPhone 连接到一台立体声音箱上面，或者使用"飞乐"功能在 AirPort Express 上播放音乐，那么，你就可以这样设置。除非你不得不依靠你的 iPhone 上的扬声器，因为它并没有能力播放任意大小音量的音乐。

这里有一个快速的补救措施：拿来一个玻璃杯并且确保它是空着的，并且（最好）是清洁和干燥的。播放你的音乐，然后将你的 iPhone 放在玻璃杯中（见图 1-7）。玻璃杯在这里可以起到回音室的作用，可以为你提供差不多一倍的音量和相当不错的低音效果。考虑到你所使用的器材，音质是非常好的。

图 1-7　使用一个玻璃杯作为回音室，这样可以有效提高你的 iPhone 的输出音量

当你使用完这个玻璃杯来播放音乐以后，就可以正常使用它了。

项目 3：让 iPhone 成为你的汽车音箱

你可以用下面任何一种方法将 iPhone 连接到汽车立体声音箱上。

- ❑ 首先你需要拥有一辆有内置 iPhone 连接器的汽车，或者为你的汽车添加一个第三方 iPhone 集成设备。
- ❑ 使用一个盒式磁带适配器将你的 iPhone 连接到你的汽车上的磁带播放器上。
- ❑ 使用一台无线电发射器，通过你的汽车上的收音机来播放你的 iPhone 上的音乐。
- ❑ 直接用数据线将你的 iPhone 连接到汽车音箱上，并用它作为一个辅助输入设备。

这些方法中的任意一种都有它的优点和缺点。接下来的章节将会告诉你如何为你的汽车立体声音箱做出最好的选择。

使用一个内置的 iPhone 连接器

在撰写本文的时候，苹果公司称，在美国销售的 90%以上的汽车都拥有一个能连接到 iPhone 和 iPad 的接口（参见 www.apple.com/car-integartion 上面的列表）。所以，如果你正在市场上选购一台新车的话，你可以在你的选购标准列表中加入一项 iPhone 接口。同样的，如果你正在购买一辆仅仅用了几年的二手车的话，它也可能带有内置的 iPhone 接口。

如果你的汽车没有自带连接 iPhone 的接口的话，你可以寻找一个第三方解决方案。你可以在 www.apple.com/car-integration 这个网页的底部找到第三方解决方案的列表。有些适配器不仅能让你通过你的汽车上的立体声音箱播放来自 iPhone 上的音乐并且使用音箱的控制键进行控制，还能让你在立体声音箱的菜单中显示 iPhone 上的音乐信息，使你能更加容易地知道正在收听的是什么音乐。

使用一个磁带适配器连接 iPhone

如果你的汽车音响有一个磁带播放器的话，最简单的选择就是使用一个磁带适配器通过盒式录音机来播放你的 iPhone 上的音频。你可以在大部分的电子产品商店或者一个 iPhone 用品专卖店那里以 10～20 美元的价格购买一个这样的适配器。

这种适配器像一个磁带盒一样，并且使用一个回放头来输入模拟音频，这个回放头在读取磁带的时候可以进行输入。使用一根数据线将适配器连接到你的 iPhone 上。

一个磁带适配器是一个简单并且廉价的解决方案，但它远非完美。最主要的原因就是，音频的质量往往会很差，因为使用这种方法将音频传输到磁带录音机上并不是最佳的。但是如果你的汽车噪声很大的话，你可能会发现，道路上的噪声掩盖了大部分音频质量方面的缺陷。

如果磁带录音机上的回放头在播放磁带的时候被弄脏了，音频的质量应该会变得更差。为了尽可能保持最高的音频质量，经常使用清洁磁带清理一下磁带回放头。

 如果你在一种极端的环境下使用磁带适配器的话，尽量确定你不会在车里面把它烤焦或者冰冻上。

使用无线电发射机连接 iPhone

如果你的汽车音响上没有磁带录音机的话，播放你的 iPhone 上的音乐的最简单选择可能就是去寻找一台无线电发射机。这个装置插入到你的 iPhone 上以后，会在调频广播频率上广播一个信号，然后将你的电台调节到这个频率，你就可以播放音乐了。更好的无线电发射器可以提供不同频率的选择，这会让你更加轻松地收听你的 iPhone 上的音乐和你最喜欢的广播电台。

无线电发射器可以传递不错的音频质量。如果可能的话，购买之前在商店里要求演示一下（如果有必要的话，带一个便携式的收音机）。

这些设备的最主要的优势就是它们相对来说比较便宜（通常在 15～50 美元之间），并且它们使用起来也是很容易的。它们还有一个好处就是，你可以将你的 iPhone 放置到你看不见的地方（例如，放在手套里面——前提是不要太热），而不用任何信号线来帮助定位它。

缺点是，大部分的这种设备需要配置电池（其他一些可以运行在 12V 电压的输出口或者打火机插座上的储电设备），并且，便宜的器件往往不能传递最高质量的声音。这些设备的范围很小，但是在近距离的话，其他附近的收音机也可以接收到信号——这可能会有一些尴尬、有趣或者无关紧要，这取决于周围环境。如果在你使用无线电发射器的地方广播频道很忙，或者你开车穿过的地区在使用不同的频率，你可能需要不断地调节频率来避免发射器被信号更强的广播电台所淹没。

高级技术达人
为无线电发射器寻找一个合适的频率

在大部分地区，现在的广播频道通常都是很忙的——所以想要在你的汽车上的音箱上获得更好的来自你的 iPhone 的无线电发射信号，你需要选取一个合适的频率。想要这么做的话，请参照如下这些步骤。

1. 在你的 iPhone 上的无线电发射器关闭的情况下，打开你的汽车音箱。

2. 将汽车音箱的频率调节到一个你只能获得静态信号的频率上，并确保这个频率的上一个和下一个频率也只能接收到静态信号。例如，如果你想要使用 91.3 这个频率的话，确保 91.1 和 91.5 这两个频率也只能接收到静态信号。

3. 将无线电发射器的频率调节到你选定的频率上，然后看一看它是否能够工作。如果不能的话，选取并测试另外一个频率。

这个方法听起来可能很简单，但是大多数人做的是在无线电发射器上选取一个频率，将音箱也调节到这个频率——然后得到的却是一个失望的结果。

如果你已经决定要购买一个无线电发射器的话，你将需要选择一下，是买一个专门为 iPhone 设计的设备还是购买一个能在任何音频资源上使用的设备。为 iPhone 设计的无线电发射器通常是安装在 iPhone 上的，这相比于那些连接到耳机接口的通用设备来说，是一个更加简洁的解决方案。在汽车上使用的专门为 iPhone 设计的无线电发射器经常安装在附属输出接口上，或者安装在仪表盘和固定设备上来传输声音。

 一个无线电发射器是和收音机（不仅是汽车收音机）一起工作的，所以，这样你就可以使用一个无线电发射器通过你的（或者其他人的）立体声音箱播放音乐了。你可能想将一台无线电发射器连接到 PC 或者 Mac 上，并且使用它在便携式收音机上播放音乐。这对于从互联网上获得流媒体音频并在传统的收音机上播放是一个非常好的方法。

用一条数据线直接将 iPhone 连接到汽车音箱上

如果不管磁带适配器还是无线电发射器都不能作为合适的解决方法，或者仅仅是不能得到你想要的最好音频质量，那么将你的 iPhone 直接连接到你的汽车音箱上。你能做到这一点究竟有多复杂，主要是看你的立体声音箱是如何设计的。

☐ 如果你的汽车音箱有一个内置的迷你插头输入的话，拿一个基座连接器转迷你插头数据线将你的 iPhone 上的底座接口连接到迷你插头输入上。你也可以使用一个迷你插头转迷你插头数据线，从你的 iPhone 上的耳机接口连接到迷你插头输入上，但是底座接口可以为你提供更好的音质。

☐ 如果你的音箱是自带多输入口的话——例如，一个 CD 播放机（或者电源）口，一个辅助输入口——你可以简单地将数据线连接到现在未使用的接口上。然后你所需要做的就是将你的 iPhone 插入另外一端，然后按下正确的按钮来播放音乐。

☐ 如果没有可用的未连接接口，你或者当地的电子技术人员可能需要使用烙铁来改造一番。

如果你正在购买一个新的汽车音箱的话，寻找一下 iPhone 整合接口或者至少一个你可以使用用你的 iPhone 的辅助输入接口。

项目 4：最大化地使用家庭共享和资料库共享

iTunes 和你的 iPhone 都带有可以在其他计算机和设备上共享你的音乐的功能。你可以在连接到同一个 iTunes 上的计算机和设备上共享音乐，或者在同一个互联网上的任何兼容的计算机或设备上共享音乐。

了解家庭共享和资料库共享两者之间的不同

iTunes 提供给你 2 种不同的方式进行共享。

☐ 家庭共享。家庭共享可以让你在最多 5 台计算机和你的 iPhone、iPod touch、iPad 之间共享整个资料库的内容。你可以从一台计算机上将媒体文件复制到另外一台计算机上，这样你就可以确保每台计算机上都包含相同的资料库。你还可以将家庭共享设置为自动复制任何你新购买的媒体文件或者苹果应用程序。

☐ 资料库共享。资料库共享让你可以与在你的互联网上的其他计算机共享整个资料库或者选定的播放列表，其他计算机仅仅能播放歌曲或者其他媒体文件，但是它们不能复制文件。

家庭共享和 iTunes 资料库共享之间最大的区别是家庭共享可以让你复制文件，然而资料库共享却不能。家庭共享是在你的所有计算机上共享媒体文件；资料库共享是你与其他人共享媒体文件。

要使用家庭共享的话，你需要在每一个使用的计算机上设置同一个苹果账户。使用相同的苹果账户是确保你不给其他人侵犯你的受版权保护内容的机制。如果你还没有苹果账户的话，你可以在家庭共享窗口上创建一个。

你的 iPhone 可以同时访问你通过家庭共享的资料库和通过资料库共享的资料库或者播放列表。你的 iPhone 也可以连接到其他人通过资料库共享的资料库或者播放列表上。

在每一台计算机上设置家庭共享

想要设置家庭共享，请按如下步骤操作。

1. 打开 iTunes。

2. 在左侧的"源"列表菜单中，看一下"共享"的类别是不是展开的，是否显示了其内容。如果不是的话，通过将鼠标放在"共享"标题上的方法展开它们，然后当它出现的时候，单击字符"显示"。

3. 单击"家庭共享"项目来显示它们的内容。

4. 在"苹果账户"栏中输入你的苹果账户。

如果你还没有苹果账户的话，单击"需要一个苹果账户吗？"，然后进行连接，然后遍历整个过程注册一个账户。一旦你拥有了苹果账户，返回到"家庭共享"窗口上。

5. 在"密码"栏中输入你的密码。

6. 单击生成"家庭共享"按钮。iTunes 会检查 iTunes 服务器并设置账户。

如果 iTunes 显示一个对话框说明家庭共享不能被激活，因为这台计算机未被与你所提供的苹果账户连接的 iTunes 账户授权，单击"授权"按钮。

7. 当"家庭共享"窗口上显示的是"家庭共享现在已经启动"的话，单击"完成"按钮。然后，iTunes 会从"源"列表中的"共享"类里面删除"家庭共享"项目，并且，你可以访问其他计算机上的资料库，这些资料库是你已经设置过家庭共享的。

通过家庭共享复制文件

设置好家庭共享以后，你可以快速地从一台安装了 iTunes 的计算机上复制文件到另外一台上。想要这样做的话，请按照如下步骤操作。

1. 在 iTunes 的"源"列表中，确保"共享"类是展开的，显示了其内容。如果"共享"类未打开的话，通过将鼠标放在"共享"标题上的方法展开它们，然后当它出现的时候单击字符"显示"。

2. 单击你要查看内容的家庭共享资料库。这个资料库的内容会出现在 iTunes 窗口的中间，然后你就可以像往常一样浏览它们（见图 1-8）。例如，选择"视图|栏目浏览器|显示栏目浏览器"，这样，你就可以按照风格、表演者、专辑或者其他你喜欢的项目进行浏览。

 家庭共享资料库会有一个"家庭共享"图标出现在旁边的"共享"类里。"家庭共享"图标是一个包含音乐符号的房子。

3. 在 iTunes 窗口底部的显示下拉菜单中，选择要显示哪些项目。

☐ 所有项目。这是默认的设置。当你想要了解一下资料库中都包含哪些项目的时候使用这个设置。

☐ 不在我的资料库中的项目。只显示你想要复制到你的资料库中的项目时使用这个设置。

4. 选择你要导入到资料库中的项目。如果你已经切换到"只显示不在我的资料库中的项目"窗口的话，你可能要选择"编辑|全部选择（或者在 Windows 系统中按下 Ctrl+A 组合键，或者在 Mac 上按下 ⌘-+A 键）"来选择每一个你想要的项目。

5. 单击"导入"按键。iTunes 会导入文件。

图 1-8 你可以使用和浏览你自己的资料库相同的方法来浏览家庭共享资料库

 ## 高级技术达人

使家庭共享自动从你的其他计算机上导入你新购买的项目

你可以设置家庭共享自动将你从 iTunes 商店中新购买的项目导入到你的计算机上。因此，如果你在笔记本电脑上购买了一首歌曲，你也可以让 iTunes 自动将它导入到你的台式机上。如果你使用你的 iPhone 从 iTunes 上购买了一首歌曲，iTunes 会将歌曲首先同步到任何你用来同步的计算机上，然后将它导入到你已经设置了家庭共享的其他计算机上。

想要设置家庭共享自动导入新购买的项目，请按如下步骤操作。

1. 在 iTunes 的"源"列表中，单击一个家庭共享资料库来显示它的内容和"家庭共享"控制栏。

2. 单击"设置"按钮来显示"家庭共享设置"对话框（见下图）。

23

3. 根据需要，选择"音乐"复选框、"电影"复选框、"电视节目"复选框、"书籍"复选框、"应用"复选框。

4. 单击"确定"按键，关闭"家庭共享设置"对话框。

在 iPhone 上设置家庭共享

接下来，你需要在你的 iPhone 上设置家庭共享，以使它能访问你已经在 iTunes 中使用"家庭共享"分享的资料库。

想要在你的 iPhone 上设置家庭共享，请按照如下步骤进行操作。

1. 按下"主屏幕"按钮，显示主屏幕。

2. 点击"设置"图标，显示"设置"窗口。

3. 向下滑动到第三栏，就是第一个选项是"通用"按钮的栏（见图 1-9 左侧）。

4. 点击"音乐"按钮，显示"音乐"窗口（见图 1-9 右侧）。

图 1-9　在"设置"窗口（左侧）上，点击"音乐"按钮来显示"音乐"窗口（右侧），
然后在"家庭共享"复选框中输入你的苹果账户和密码

5. 在底部的"家庭共享"复选框中，点击"苹果账户"框，然后输入你的苹果账户和

密码。

6. 点击"设置"按钮，返回到"设置"窗口。

现在，你可以访问来自"音乐"应用程序的共享资料库。想要了解详细信息，请参阅这一章中后面的"从你的 iPhone 上播放共享音乐"一节。

用计算机在 iTunes 中设置资料库共享

你可以和与你在同一个网络上的其他用户分享你整个的资料库，或者只是分享你选定的播放列表。你可以共享大部分项目，其中包括 MP3 文件、AAC 文件、苹果无损编码文件、AIFF 文件、WAV 文件还有电台链接。你不能共享 Audible 文件或者 QuickTime 声音文件。

 从技术上讲，iTunes 对于你的计算机所在的同一个 TCP/IP 子网计算机数量是有限制的（子网是网络的逻辑划分）。一个家庭网络通常使用一个子网，所以，在你的计算机上可以看见网络上的其他计算机。但是，如果你的计算机是连接到一个中等规模的网络上，你将无法找到连接到同一个网络上你所知道的计算机，它可能在一个不同的子网上。

在撰写本文的时候，每天，你最多可以在 5 台其他计算机之间共享你的资料库，在任何指定的一天，你的计算机可以作为 5 台计算机其中之一访问在另外一台计算机上共享的资料库。

被共享的资料库仍保存在共享它的那台计算机上，并且，当一台访问它的计算机准备播放一首歌曲或者其他项目的时候，那个项目会通过网络进行传输。这意味着，项目并没有从共享它的那台计算机上复制到播放它的那台计算机上，这种方式在播放的那台计算机上留下的是不可复制的文件。

当计算机处于脱机状态或者关机的情况下，资料库中的项目对于其他用户来说将会被停止访问。正在访问的计算机可以播放它们，但是却不能做其他任何的事情；例如，不能将歌曲复制到 CD 或者 DVD 上，不能将它们下载到 iPod 或者 iPhone 上，也不能将它们复制到自己的资料库中。

想要和其他 iTunes 用户或者 iPhone（或者 iPod touch、iPad）用户共享你整个资料库或者只是选定的播放列表的话，请按照如下步骤操作。

1. 显示 iTunes 对话框或者"首选项"对话框。

❏ 在 Windows 系统中，选择"编辑| 首选项"或者按下 Ctrl+，或者 Ctrl+Y 来显示 iTunes

对话框。

❏ 在 Mac 上，选择 "iTunes|首选项" 或者按下⌘+，或者⌘+Y 来显示 "首选项" 对话框。

2. 单击 "共享" 选项卡来显示它。图 1-10 显示了 iTunes 对话框中的 "共享" 选项卡以及选择的设置。

3. 选择 "在我的本地网络上共享我的资料库" 复选框。（默认情况下，这个复选框是空着的。）默认情况下，iTunes 会选择 "共享整个资料库" 选项的按钮。如果你只是想要共享一些播放列表，选择 "共享选定的播放列表" 选项按钮。然后，在列表框中，选择每一个你想要共享的播放列表的复选框。

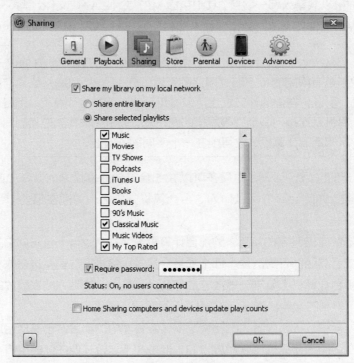

图 1-10　在 iTunes 对话框或者 "首选项" 对话框的 "共享" 选项卡上，选择是要共享
你全部的资料库还是其中一部分

4. 默认情况下，你所共享的资料库项目对于网络上任何其他的用户来说都是可用的。想要限制访问你的资料库的用户，你可以设置一个密码，选择 "需要密码" 复选框，然后在文本框中输入一个高强度（无法被猜出来的）的密码。

如果在你的网络上有很多计算机，在你共享的音乐上使用一个密码，这能帮助你避免迅速就累计到每天 5 个用户的限制。如果你的网络只有几个用户的话，你可能不需要密码，避免访问起来会很麻烦。

5. 如果你想要 iTunes 无论在任何时候，从任何计算机而不仅仅在这台计算机播放一首音乐的时候更新歌曲的播放次数，那么选择"家庭共享的计算机和设备更新播放次数记录"复选框。

6. 单击"通用"选项卡来显示它的内容。在该对话框靠近顶部附近的"资料库名称"文本框中，设置资料库的名称，这样其他用户想要访问你的资料库的时候会看见。默认的名称就是用户名称的资料库，其中的用户名称就是你的用户名——例如，Anna Connor 的资料库。你可以选择输入一个更具有描述性的名称，尤其是当你的计算机处于一个非常受欢迎的网络之中（例如，在宿舍里）。

7. 单击"完成"按钮来应用你的选择，然后关闭对话框。

 当你设置 iTunes 共享你的资料库的时候，iTunes 会显示一个信息来提醒你，那就是"共享音乐只用于个人活动"——换句话说，切记不要违反版权法。如果你不想这条信息再次出现的话，选择"不再显示此消息"复选框。

播放 iPhone 上共享的音乐

想要播放你的 iPhone 上共享的音乐，按照如下步骤操作。

1. 按下"主屏幕"按键来显示主屏幕。

2. 点击"音乐"按键来显示"音乐"应用程序。

3. 点击"更多"按键来显示"更多"窗口（见图 1-11 左侧）。

4. 点击"已共享"按键来显示"已共享"窗口（见图 1-11 右侧）。

5. 点击你想要访问的共享音乐资料库。

 如果在"更多"选项的窗口上没有出现"已共享"按键，就是你的 iPhone 上的家庭共享被关闭了。按照本章之前那一节"在你的 iPhone 上设置家庭共享"来打开它。

图 1-11 在"更多"选项窗口（左侧）上点击"已共享"按键来显示"已共享"窗口（右侧），
然后点击你想要访问的共享音乐资料库

项目 5：创建你自己的免费自定义铃声

想要使你的 iPhone 铃声独一无二，而且当你接到电话、短信、语音邮件、推特等时能给你自己一个清楚的提示，你可以创建自定义铃声，并且将它们同步到你的 iPhone 上。这是一个非常好的方法，使用这种方法，你不仅会喜欢你的的铃声，而且能使你不用看你的手机窗口上显示的来电人姓名就能将关键电话和想要忽略的电话区分开。

 早期版本的 iTunes 包含将你从 iTunes 商店购买的音乐制作成铃声的功能。但是苹果公司在 iTunes 10 上面将这个功能删除了，所以你需要按照如下描述手动地创建你的铃声。

想要用一首歌曲来创建铃声，按照如下步骤操作。

1. 播放这首歌曲，并且确定哪一部分是你想使用的。这段音乐最长可以达到 30 秒钟。记录下开始的时间和结束的时间。

2. 右键单击（或者是在 Mac 上按住 Ctrl 单击）这首歌曲，然后在下拉菜单中单击"获取信息"，以此来显示这首歌曲的"项目信息"对话框。

 "项目信息"对话框中，实际上并没有在标题栏中显示"项目信息"这样的字眼。在 Windows 系统中，标题栏显示的是"iTunes"；在 Mac 上，标题栏显示的是歌曲的标题而不是"项目信息"。

3. 单击"选项"选项卡，让它显示在"项目信息"对话框前面（见图 1-12）。

4. 单击"开始时间"框，输入铃声部分的起始时间——例如，1:23.200。iTunes 会自动为你选择"开始时间"复选框，所以，你不需要手动来选择。

> 在设定开始时间数值和结束时间数值的时候，使用一个冒号来区分分和秒，使用一个点来区分秒和千分之一秒。

5. 单击"结束时间"框，输入铃声部分的结束时间。同样，iTunes 会自动为你选择"结束时间"复选框。

6. 单击"完成"按键，关闭"项目信息"对话框。

7. 右键单击或者按住 Ctrl 键单击歌曲，然后在下拉菜单中，单击"创建 AAC 版本"。iTunes 会创建一首新的歌曲，这首歌曲只包含你用开始时间和结束时间节选的那一部分。

> 如果在下拉菜单中的命令不是"创建 AAC 版本"的话，你就需要改变目前的编码器。选择"编辑|Windows 系统下的首选项"或者"iTunes|Mac 上的首选项"来显示 iTunes 对话框，或者"首选项"对话框。在"通用"选项卡上，单击"导入设置"按键。在"导入设置"对话框中，在"导入使用"下拉菜单中选择"AAC 编码器"，并且在"设置"下拉菜单中选择"iTunes Plus"。然后依次单击"完成"按键来关闭每一个对话框。

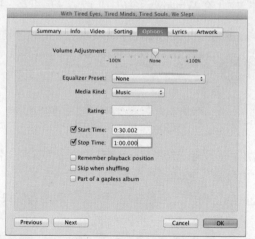

图 1-12　使用"项目信息"对话框（在 Windows 中的标题栏是"iTunes"，而在 Mac 上
　　　　　则是歌曲名称）来从一首歌曲中截取一段铃声

8. 右键单击（或者在 Mac 上按住 Ctrl 单击）新创建的、更短的歌曲文件，然后在下拉菜单中，单击"在资源管理器中显示"（在 Windows 系统中）或者"在 Finder 中显示"（在 Mac 上）。iTunes 会打开 Windows 系统下的资源管理器窗口或者一个 Finder 窗口来显示歌曲文件。

9. 按下 F2 键（在 Windows 系统中）或者 return 键（在 Mac 上），在歌曲名称旁边显示一个编辑框。

10. 将文件扩展名从 m4a 改成 m4r，然后按下回车键或者 return 键来应用改变值。m4r 扩展名表示的是铃声的文件类型。

11. 将 Windows 资源管理器窗口或者 Finder 窗口保持打开的状态，返回 iTunes。

12. 让新的歌曲文件仍然处于被选中状态，选择"编辑|移除"。iTunes 会显示一个对话框（见下图），确认你是否想要移除这些文件。

13. 单击"移除"按键。iTunes 会显示第二个对话框（见下图），询问你是否想要将这些文件移动到"回收站"中（在 Windows 系统中）或者"废纸篓"中（在 Mac 上）。

14. 单击"保留文件"按钮。

15. 在 Windows 资源管理器窗口或者 Finder 窗口中，单击铃声文件，并把它拖曳到 iTunes 窗口中"源"列表的"资料库"类别中。

16. 你基本上已经完成了操作，但是你已经设置了原始音乐只播放你的铃声这一段。想要使它恢复正常的话，按照下面这些子步骤操作。

a. 右键单击或按住 Ctrl 单击 iTunes 窗口中的原始文件，然后选择"获取信息"，显示"项目信息"对话框。

b. 如果"摘要"选项卡没有出现在最前面的话，单击它，使它出现在这个位置。

c. 清除"开始时间"和"结束时间"复选框。

d. 单击"确定"按钮，关闭"项目信息"对话框。

17. 现在，在"源"列表中"资料库"里面单击"声音项目"，显示你自己的铃声。你所创建的文件会显示在这里，然后，你就可以开始使用了。

项目 6：使用 iCloud 和 iTunes Match 在计算机和设备之间传输音乐

苹果公司的匹配服务是在你使用的计算机和设备之间自动传输你的音乐的非常好的方法。iTunes Macth 让你可以访问你的 iTunes 资料库中所有音乐的在线版本。这些在线版本储存在 iCloud 中，这是苹果公司最新的在线服务。

 想要使用 iCloud 和 iTunes Macth 服务的话，你的 iPhone 必须使用的 ios 5 以上的版本。这通常来说不是问题，因为苹果公司已经使 iPhone 更新十分容易了，不管你是使用 iTunes 来更新你的 iPhone 还是在你的 iPhone 上面自动更新。

了解 iTunes Match 服务是如何工作的

想要通过 iCloud 来传播你的音乐，你需要购买 个 iTunes Match 服务。iTuncs Match 是苹果公司专门为你访问在线音乐而设计的服务。

下面介绍的就是 iTunes Match 是如何工作的。

❑ 首先，你要买一个 iTunes Match 服务，在撰写本文的时候，这项服务每年是 24.99 美元。

❑ 然后，iTunes 会扫描你的音乐资料库中所有的音乐，看一看哪些音乐是可以在 iTunes 商店上获得的。iTunes 商店里有超过两千万首歌曲，所以你相当大一部分的音乐都很可能在里面。

❑ iTunes 会让你可以访问 iCloud 中匹配的歌曲。这些歌曲都是 256kbit/s 的比特率，使用高级音频编码（AAC）压缩编码的，这意味着它们听起来音效很好，但是又被压缩到足够小，这样就可以轻松使用流媒体传输。

☐ iTunes 会上传所有在你的资料库中但是却不在 iCloud 中的歌曲。这需要一点时间，这主要取决于包含了多少首歌曲以及你的网络连接能以多快的速度转换它们，但是，每一首歌曲你只需要这样操作一次。

在 PC 或者 Mac 上设置 iTunes Match

想要在 PC 或者 Mac 上设置 iTunes Match，你将使用到 iTunes。按照如下步骤操作。

1. 如果 iTunes 没有运行就打开 iTunes，如果它在运行中，那就激活它。

2. 在"源"列表的"商店"类别中，单击"iTunes Match"，显示"iTunes Match"窗口（见图 1-13）。

图 1-13 想要开始设置 iTunes Match，在"源"列表中单击"iTunes Match"，然后在"iTunes Match"窗口上单击"订阅"按钮

3. 单击"订阅"按钮。iTunes 会显示登录来订阅 iTunes Match。

4. 输入你的密码，然后单击"订阅"按钮。然后，iTunes Match 窗口会一步一步显示读出进度（见图 1-14），首先，收集你的 iTunes 资料库的有关信息，将你的音乐与 iTunes 商店中可以获得的歌曲匹配，然后上传你的作品以及没有匹配的歌曲。

> ITunes Match 的过程可能需要一点时间。如果需要的话，你可以通过单击"停止"按钮来暂停匹配，这个停止按钮在 iTunes Macth 窗口的右下角。

5. 当 iTunes Match 运行的时候，你可以正常使用你的计算机。

当 iTunes Match 运行完成以后，通过 iCloud、你的 iPhone、你的其他 iOS 设备以及你的其他计算机都可以获得你的音乐资料库中所有的歌曲。

图 1-14　iTunes Match 通过遍览你的资料库中的歌曲，尽可能地与 iTunes 商店中的歌曲进行匹配，然后，上传你的作品以及没有匹配的歌曲

> 如果 iTunes Match 上传无法在 iTunes 商店中获取的音乐之前，你暂停了 iTunes Match，iTunes Match 在每一次启动 iTunes 的时候，都会自动重新启动。这可能会是一个负担，尤其是当你发现 iTunes Match 过多地占用了你的网络连接的时候。如果想在你再次运行它的时候才进行 iTunes Match，选择"保存|关闭 iTunes Match"。

在 iPhone 上打开 iTunes Match

现在,你已经设置好了 iTunes Match 订阅,并且分辨好了你的歌曲,你可以在你的 iPhone 上或者任何其他 iOS 设备上打开 iTunes Match。

 在你的 iPhone(或者其他 iOS 设备)上打开 iTunes Macth 来替代你的 iPhone 的音乐资料库。如果你只是想手动地从 iTunes 上下载你的歌曲中的几首,那么,就不要打开 iTunes Match。

想要在你的 iPhone 上设置 iTunes Match,请按照如下步骤操作。

1. 按下"主屏幕"按钮,显示主屏幕。
2. 点击"设置"图标,显示"设置"窗口。
3. 向下滑动到第三栏,就是第一个选项是"通用"按钮的栏(见图 1-15 左侧)。

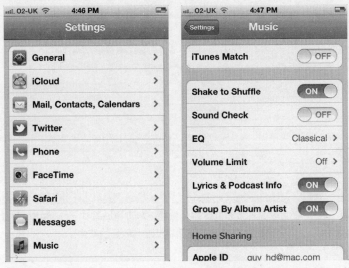

图 1-15 在"设置"窗口上点击"音乐"按钮(左侧),显示"音乐"窗口(右侧),在"音乐"窗口上你可以通过将 iTunes Match 开关滑到启动位置来打开 iTunes Match

4. 点击"音乐"按钮,显示"音乐"窗口(见图 1-15 右侧)。
5. 点击 iTunes Match 开关,将它移动到启动位置。你的 iPhone 会显示"苹果账户密码"对话框。

6. 输入你的密码，然后点击"完成"按钮。你的 iPhone 会显示如下所示的对话框，它告诉你 iTunes Match 会替换你的 iPhone 上的音乐资料库。

7. 点击"启用"按钮，打开 iTunes Match。

8. 点击"设置"按钮，返回到"设置"窗口。

 正如你所想的，你可以在一台 iPod touch 上按照和你的 iPhone 相同的方法设置 iTunes Match。在 iPad 上的程序也是一样的，但是你不需要向下滑。

项目 7：使用外置话筒录制高品质音频

你的 iPhone 上面内置的话筒很适合拨打电话，通过 FaceTime 进行视频聊天，以及使用内置的语音备忘录程序录制语音备忘录。你的耳机控制线上带的话筒也是一样的。但是，如果你需要录制高质量的音频，你通常会想要使用一个外置话筒。

如果你打算使用外置话筒的话，你通常会需要使用一个第三方应用程序来录制音频。本节首先会讲解如何选择外置话筒，然后会向你介绍 4 个用于录制音频的第三方应用程序。

选择一个外置话筒

你可以拿一个小型的外置话筒，将它的插头插入你的 iPhone 上面的耳机端口，它会比内置话筒获取更好的音频，但是这些设备大多数只适合获取讲话音频，例如演讲记录。如果你打算录制一定质量的音频，以便于以后欣赏的话，你通常会需要一个手持的电容话筒。

在这里，你有两个最主要的选项。

◻ 购买一个专门为 iOS 设备设计的话筒。在撰写本文的时候，这个类别中最主要的产品是 IK 多媒体公司的 iRig 话筒（59.99 美元；www.ikmultimedia.com 还有其他各种各样的在线商店）。iRig 话筒（见图 1-16）是一个全尺寸的单指向性电容话筒，它拥有 3.5 毫米数据线插头，这个插头可以连接到你的 iPhone 上的耳机接口上。连接器还有一个耳机接口，这样，你就可以收听音频了。

◻ 购买一个话筒适配器，然后连接你自己的话筒。如果你想连接任何常规的话筒（例如，你已经拥有的高品质话筒），购买一个话筒适配器，这个适配器要拥有一个将 4 英寸话筒插孔或者 8 英寸话筒插孔转换成你的 iPhone 3.5 毫米话筒输入插孔的转换器。你可以在如 Amazon.com 和 eBay 这样的网站上找到很多这种类型的适配器，而且以极低的价格购买一个。通常，你会想要支付足够的钱来获得一个至少和你的话筒质量一样高的适配器，这样，你就不会降低信号的质量了。

图 1-16　iRig 话筒会连接到你的 iPhone 上的耳机接口，并且会提供它自己的耳机接口，这样就能接收输入了（照片由 IK 多媒体产品科学研究实验室提供）

选择一个应用程序，使用外置话筒录制音频

现在，你已经选择好了你的外置话筒，你需要获得一个第三方应用程序，通过话筒用它来录制音频。下面介绍 4 个主要选项，所有这些程序你都可以在苹果商店找到。

◻ FiRe（Field Recorder）。如果你想要获取一段实时音频，FiRe（5.99 美元）会是一个不错的选择。FiRe 可以记录单声道或者立体声音频，不管你连接的是你的 iPhone 上内置的话筒还是一个外置的话筒。在你录制的同时，FiRe 会显示实时波形，所以你能看见你获得了什么。图 1-17 左侧窗口显示了 FiRe 的输入窗口，在这个窗口上，你可以控制录制增益，选择质量，决定是否通过播放音频，打开或者关闭音频过程，并选择想要使用哪种预置设置。你可以选择不同类型的预置，比如，男声增强、女声增强、户外演唱会以及噪声门。图 1-17 右侧的窗口显示了 FiRe 录制音频过程中的操作。

◻ iRig Recorder。如果你使用 iRig 作为你的话筒，iRiG Recorder 可能是你显而易见会选用的录制应用程序。你最好的办法是先试用免费的版本 iRig Recorder Free，然后再以 4.99 美元购买完整版本的 iRig Recorder，或者只是购买你想要的附加功能。例如，你可能想要购买"编辑"这个附加功能而不购买"处理"这个附加功能。

图 1-17　在"输入窗口"上选择完增益、质量以及攻略后，你可以设置 FiRe 录制（右图），
然后观看你所获取的音频波形

   ❑ ISW Recorder and Editor。ISW Recorder and Editor 是免费的，所以，它很值得试一试看它是否符合你的要求。你可以将录制的音频剪切到只有你需要的那一部分，按照你喜欢的顺序重新排列音频片段，可以通过电子邮件、推特或者 Facebook 分享它们。图 1-18 左侧的窗口显示了 ISW Recorder and Editor。

图 1-18　ISW Recorder and Editor（左图）是一个免费的录音机应用程序，它包含了基本的编辑功能；
iProRecorder 是一个面向商业的的录音机应用程序，它具有可调节播放速度的特性，以及具备了
一个步进/变速轮，这将使转录更加容易

❏ iProRecorder　iProRecorder（4.99 美元）是一个面向商业的，主要以听写以及转录为目的的录音机应用程序，当然，你也可以使用它来录制其他任何类型的音频。iProRecorder（见图 1-18 右侧）具有可以调节播放速度的特性，以及一个步进/变速轮，这两种特性在你转录的时候都是很有帮助的。

项目 8：使用你的 iPhone 来演奏吉他

如果你玩电吉他的话，你可以将它连接到你的 iPhone 上，然后通过你的 iPhone 来进行演奏。这是非常酷的，因为你不仅可以通过耳机来演奏吉他，这样你就可以自己享受音乐而不必打扰邻居了，而且你也可以使用你的 iPhone 作为一系列的效应器来获得你想要的声音。你的 iPhone 相比于一口袋的效应器要更加容易携带，而且，用来产生效果的应用程序远比物理踏板要便宜得多。

 你可以将这项技术应用到任何有传感器的乐器——电贝司、电小提琴或者任何乐器上。

在本节中，我们首先将你的吉他通过一根数据线连接到你的 iPhone 上。然后，我们将看一下你能用来增强声音特效的应用程序。

将吉他连接到你的 iPhone 上

想要将你的吉他连接到你的 iPhone 上，你需要的是一根数据线，或者是一个能帮助你完成连接的适配器，它们能将吉他上面的 1/4 英寸插头连接到 iPhone 上的耳机端口，这里有两个主要的选项。

❏ 吉 他 连 接 数 据 线。格 里 芬 技 术 公 司 的 吉 他 连 接 数 据 线（ 29.99 美 元；www.griffintecnology.com）是一根带有内置分配器的吉他数据线。你将吉他连接器上的 1/4 英寸插孔插在你的吉他上，将另外一端的 1/8 英寸插孔插在你的 iPhone 上的耳机端口，你也可以选择将你的耳机插在吉他连接器的耳机端口上。

❏ AmpliTube iRig。IK 多媒体公司的 AmpliTube iRig（39.99 美元；www.ikmultimedia.com 或者其他如 Amazon.com 这样的网站）包含一个吉他连接器和一个分配器。你将正规吉他的一端插入到 iRig 上（见图 1-19），将另外一端的数据线插在你的 iPhone 上的耳机接口上，你也可以将你的耳机插在 iRig 的其他端口上。

 你还可以在吉他连接数据线或者AmpliTube iRig 上的耳机端口上连接一个扬声器或者立体声音箱。

现在，你已经连接好了你的吉他，你演奏的内容将传输到你的 iPhone 上，在 iPhone 上，你可以通过一个应用程序录制或者播放，就像下面讨论的一样。

将特殊效果应用到你的吉他上

现在，你的吉他正在向你的 iPhone 输入，你可以使用下面这些中的任意一个应用程序来添加效果。

❏ AmpliTube。AmpliTube 是 IK 多媒体公司设计的与 iRig 一起使用的一系列效果应用程序。它有非常多的版本，这可能会有点混乱。你可能想在使用 AmpliTube(19.99 美元)、AmpliTube Fender（14.99 美元）或者 AmpliTube LE（2.99 美元）之前先使用 AmpliTube Free 或者 AmpliTube Fender Free。图 1-20 显示了 AmpliTube。

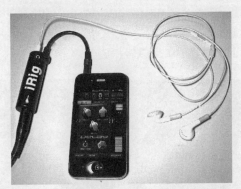

图 1-19 AmpliTube iRig 提供给你一个很简单的方法来将你的吉他连接到你的 iPhone 上的耳机接口，你也可以将你的耳机插在 iRig 上来听一听你正在演奏的内容

❏ iShred LIVE。iShred LIVE 是一款脚踏盒形的特效应用程序。它是免费的，但是你要为特效来支付金钱。这些特效有可调高音助推器、压缩机踏板、可变波形颤音、过载失真、下一个或下两个八度等。大部分的特效是每个 0.99 美元，但有些可能要花费得多一些。你

也可以买一个包含所有特效的功能包。图 1-21 显示了 iShred LIVE。

让你的 iPhone 做效果器踏板的工作是非常好的，但是它意味着，你需要点击你的 iPhone 的不改窗口来改变音效。如果你想在不打扰你演奏的情况下也能改变音效的话，你可以考虑购买一个格里芬技术公司的脚踏盒形的控制器（99.99 美元；www.griffintechnology.com 或者各种各样的在线零售商）。这个脚踏盒（在图 1-22 中，它连接到一个 iPad 上，也能工作得很好）是一个物理踏板，它可以连接到你的 iPhone 上，并且在 iShred LIVE 中用来控制特效。

图 1-20　AmpliTube 是一系列的跟 iRig 吉他连接器一起工作的效果应用程序

如果你想用你的指尖来控制特效的话，可以买一个容器或者皮套，然后用它将你的 iPhone 夹在你的皮带上。另外，也可以用一个容器将你的 iPhone 安装在吉他上，这样你就可以轻松碰到它了。

图 1-21　iShred LIVE 是一款和吉他连接数据线一起工作的特效应用程序

图 1-22　如果你想在演奏的时候，用脚来控制特效的话，可以将格里芬公司的脚踏盒添加
到你的 iPhone 或者 iPad 的吉他设置里

项目 9：在你的 iPhone 上录制乐队现场演奏

如果你在听乐队现场演奏的话，你可能想要记录下来。一旦你的的 iPhone 配备了合适的硬件和软件，对于这项任务来说，它将是一个非常好的工具。

你可以使用语音备忘录应用程序和 iPhone 内置话筒来录制音频，但是使用外置话筒和第三方录制应用程序往往能得到更好的结果，而且它们可以让你选择你需要的设置。参见项目 7，"使用外置话筒录制高质量音频"中关于选择哪种话筒的建议。

在本节中，你首先将选择如何将你的音频输入到你的 iPhone 上。然后你要选择一个可以捕获音频的录制应用程序。

选择你的输入

如果你想要录制一场现场演出的话，你可以简单地使用项目 7，"使用外置话筒录制高质量音频"中谈论的话筒，以及像 iRig Recorder 或者 FiRe 这样的应用程序。但是你也可以在你的 iPhone 上安装正确的应用程序，将你的 iPhone 作为一个多声道录音机。你也可以一次下载一个声道，就像使用一个物理多声道录音机一样，并且将它们混合在一起来产生你想要的结果。

想要在没有传感器的情况下从一段声音或者一个声学仪器上获取输入，可以使用一个如上面提到的话筒，但是它是作为多声道录音机上的一个声道进行记录的。

想要直接从一个真正的乐器上面获取输入，例如吉他或者贝司，将它们通过一根数据线连接在手机上，例如格里芬吉他连接数据线或者 AmpliTube iRig。想要了解更多有关连接器的详细信息，请参见前面的项目。

为了从键盘、架子鼓或者其他一些有 MIDI 输出的设备上获得 MIDI 输入，购买一个 MIDI 接口，例如 iRig MIDI（69.99 美元；www.ikmultimedia.com），或者购买一个 MIDI 调动器（标价 99.99 美元，但是通常能以便宜很多的价格买到；http://line6.com/midimobilizer）。

选择一个录制应用程序

接下来你所需要的是一个合适的应用程序，来录制话筒或者输入获得的音频。下面有 4 个值得考虑的应用程序。

☐ 多音轨乐曲录音机。多音轨乐曲录音机（见图 1-23）是一个免费的录音机应用程序，它最多可以录制 4 个音轨。你将音轨看作波形或者音量条都可以，你可以将每个音轨的音量设置为一个合适的水平，这样能产生整体的搭配效果。你可以将你的 iPhone 音乐资料库中的音乐导入到音轨里，这是让一首歌曲快速开始的非常好的方法。在图 1-23 中的右侧窗口显示了多音轨乐曲录音机的一个命令对话框。

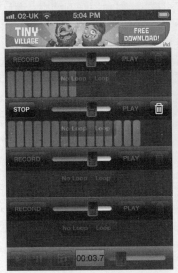

图 1-23 多音轨乐曲录音机是免费的——有广告支持——最多可以录制 4 个音轨

☐ FiRe Studio。FiRe Studio（4.99 美元）最多可以录制和混音 8 个音轨，这将给你提供很大的灵活性。你可以快速在波形间滚动，将播放头放置在你想要开始播放的地方，并且可以锁定完成的音轨以防止改变。图 1-24 显示了 FiRe Studio。

☐ StudioApp。StudioApp（4.99 美元）是一个可以让你最多添加 4 个音轨的录音机应用程序。StudioApp（见图 1-25）的主要目标群体是嘻哈艺术家、说唱歌手以及歌星等，但是，它也适用于任何你输入的音频。

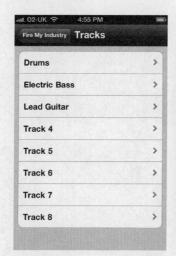 

图 1-24　FiRe Studio 耗资 4.99 美元，并且最多可以录制和混合 8 个音轨

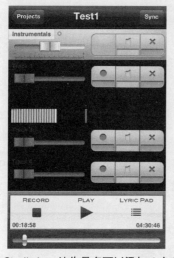 

图 1-25　StudioApp 让你最多可以添加 4 个音轨，你可以用内置的歌词本来写下你的想法

☐ VocalLive。如果你想记录和处理人声，尝试一下 VocalLive（见图 1-26）。你可以先试一试免费版本 VocalLive Free，如果它适合你的话，你可以再购买需要支付的版本（19.99

美元）。完整版本的 VocalLive 包含一个实时的人声处理器和很多人声效果——包括高音修正、齐声、去咝声器及合唱——这能够使你的声音听起来完全不同（变得更好，除非你更加喜欢原声）。

图 1-26　VocalLive 是一个录制和处理人声的应用程序

项目 10：使用 iPhone 为你伴奏

与你的乐队在一起演奏音乐是十分美妙的，但有的时候你不得不自己来发挥。当这种情况发生的时候，你并不需要一个人来完成，因为你可以使用你的 iPhone 来为你伴奏。

> 在本节中，我们假设你想要播放的是已经制作好伴奏的音乐。如果你想独自演奏其他人的音乐，你可以在各种网站上找到许多歌曲的卡拉 OK 混音或者免费的吉他混音。

选择一个合适的应用程序来为你伴奏

哪些应用程序最适合你，主要依赖于你想做什么——但是，下面有 3 个你可能想要看一看的应用程序。

❏ GigBaby。GigBaby（0.99 美元）是一个有内置节奏的 4 音轨录音机。你可以设置你想要的节奏，录制和它一起播放的伴奏，然后是用 GigBaby 作为你的伴奏或者录制你的主奏。图 1-27 显示了 GigBaby 是如何工作的。

❏ Band。Band（3.99 美元）是一款在窗口上演奏虚拟乐器的应用程序，包括贝司、大钢琴和两个打击鼓（见图 1-28）。在紧要关头，你可以实时地演奏乐器，但是通常你想要做的是录制你的乐器那一部分，所以 Band 可以让你在一个真正的乐器上演奏的时候回播你录制的内容。

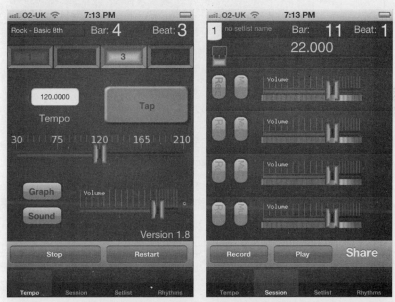

图 1-27　GigBaby 是一个带有内置节奏的 4 音轨录音机，这些节奏你可以用来作为你的歌曲的基础

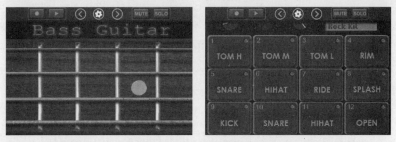

图 1-28　Band 提供了一套虚拟仪器，使用这些仪器你可以现场演奏或者录制你的伴奏

❏ BeatMaker。BeatMaker（9.99 美元）和 BeatMaker 2（19.99 美元）是一种音乐应用

程序。你可以下载一个现有的音频包或者开发一个定制的音频包，现场演奏或者录制音频，并且可以安排音轨模式以让声音按照你想要的方式输出。图 1-29 显示了 BeatMaker 工具下载、准备播放或者录制的页面。

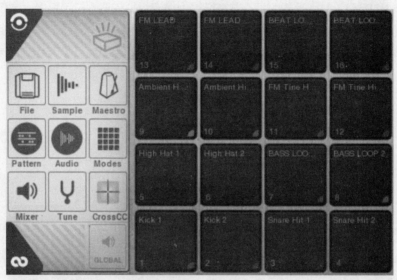

图 1-29　BeatMaker 是一个音乐应用程序，它能使你播放已经存在的音频或者开发包含你想要声音的音频

将 iPhone 连接到功放或者声卡上

如果想要让你的伴奏能和你的演奏一起播放，你将需要将 iPhone 连接到功放或者声卡上。

你可以通过 iPhone 上的耳机接口来连接它，使用一根在 iPhone 连接一端有 3.5 毫米插头而在放大器一端任何接口都可以的数据线，例如，一个 1/4 英寸插头或者两个 RCA 插头。但如果你还有其他选择的话，那就用一个在 iPhone 一端有底座接口的数据线。使用 iPhone 的底座接口可以给你提供线性水平的输出，这种输出拥有恒定的音量，并且比使用耳机接口输出更加容易使用，耳机接口的音量取决于音量的设置。

　　如果你有一个有线路输出接口的 iPhone 底座，那么使用这个底座，而不是再买一个带底座接口的数据线。

第 2 章
照片和视频技术达人

你的 iPhone 在背面配置了高分辨率的摄像头，在前面配置了面向用户的摄像头，这使它无论在前面还是背面都非常适合拍摄视频。无论在它自己的窗口上，还是在一个外置显示器或者电视上，它也很擅长播放视频，所以，你不需要和其他人距离很近，就可以一起欣赏视频。

在本章开始的时候，我们将看一看如何将视频或者 DVD 文件放到你的 iPhone 上，这样你就可以在任何地方收看视频了。然后，我们将了解一下如何使用苹果的照片流技术在你的 iPhone 和其他设备上共享你的照片。

在这之后，我将告诉你如何使用你的 iPhone 上的摄像头拍摄宏观和全景照片，如何进行高质量的自拍，以及如何拍摄延时电影及在不同帧速率下拍摄视频。

在本章快结束的时候，我将会告诉你如何建立你自己的斯坦尼康稳定器，这样在你移动的时候也可以让 iPhone 保持稳定以便拍摄高质量视频。最后，我们将看一看如何在 iPhone 上查看你的网络摄像头，无论是作为一个团队的辅助工具（如果你有这样一个团队的话），还是当你不在家的时候监视你家里的情况。

项目 11：将你的视频和 DVD 文件放到你的 iPhone 上

苹果的 iTunes 商店提供了很多有关视频内容的选择，包括电视剧以及整集的电影，你可以购买它们或者从其他各种各样的在线网站下载 iPhone 兼容格式的视频。

但是，如果你喜欢在你的 iPhone 上欣赏视频的话，几乎可以确定你想要将你自己的视频内容放到 iPhone 上。可能你也想将自己的 DVD 上的文件存到你的 iPhone 上，这样你就可以在手机上观看了。这个项目将告诉你如何进行操作。

在数码摄像机上创建适合 iPhone 的视频文件

如果你使用数码摄像机拍摄你自己的电影的话，你可以很简单地将它们放到你的 iPhone 上。想要这样做的话，你可以使用一个应用程序来从你的数码摄像机上捕获视频，并且将它们转换成本地视频，这种程序可以是 Windows Movie Maker（在 Windows 操作系统下）或者 iMovie（在 Mac 上）。

 视频的格式大多数都是很混乱的，但是 iPhone 和 iTunes 会使"获得合适的视频"这个过程尽可能地容易。iPhone 最高可以播放 2.5Mbit/s（兆比特每秒）的 MP4 格式文件或者最高 720p 的 H.264 格式文件。创建适合 iPhone 的视频文件的程序通常都会让你在 MP4 格式或者 H.264 格式之间进行选择。作为参照，VHS 格式视频流量大概在 2Mbit/s，而 DVD 格式的则差不多有 8Mbit/s。

使用 Windows Live Movie Maker 或者 Windows Movie Maker 创建适合 iPhone 的视频文件

与之前几个版本的 Windows 不同，Windows 7 不包含 Windows 系统程序中用于编辑视频的 Windows Movie Maker。但是你可以从 Windows Live 网站（http://explore.live.com/windows-live-movie-maker?os=other）上下载最接近它的工具——Windows Live Movie Maker。

 当你安装 Windows Live Movie Maker 的时候，Windows Live 基本安装程序会建议你安装所有的 Windows Live 相关程序——Messanger、照片库、邮件、作家、家庭安全以及一些其他的程序。如果你不想要所有程序的话，在"你想要安装的程序？"窗口上单击"选择你想要安装的程序进行安装"按键，然后你可以选择你真正想要的程序。

 ## 高级技术达人

了解一下在法律范围内你对他人的视频内容能做哪些，不能做哪些

在你将你的视频和 DVD 放到你的 iPhone 上之前，知道一点关于版权和解密的最基本

要素是一个非常不错的主意。

❑ 如果是你创建的视频（例如，它是一个本地视频或者 DVD 文件），你就拥有它的版权，你可以对它做任何你想做的事情——将它放到 iPhone 上，在全球范围内发布，或者任何其他的事情。唯一的例外是，如果你录制的是他人拥有产权的东西，或者你侵犯了他人的素材的权利（例如隐私）。

❑ 如果某些人给你提供了合法创作的能放到你的 iPhone 上的视频文件，你会很高兴这样做。例如，如果你从 iTunes 商店下载了一个视频，那么你根本就不需要去担心合法性的问题。

❑ 如果你有一个商业 DVD 文件的复制版本，你需要获得允许来将内容从 DVD 中拽（摘录）出来，并把它转换成 iPhone 可以播放的格式。即使以一种未授权的方式（例如创建一个文件而不是简单地播放 DVD）对 DVD 文件进行解码，在技术上也是非法的。

Windows Live Movie Maker 不能导出适合 iPhone 播放格式的视频文件，所以你需要做的是以 WMV 格式导出视频文件，然后使用另外一个应用程序来转换，例如免费版本的 Full Video Converter（在本章后面会提到）。

同样地，Windows Vista 和 Windows XP 包含的 Windows Movie Maker 版本也不能以 iPhone 适合的格式导出视频文件，所以你需要做的是以一种标准格式（例如 AVI）导出视频文件。这种格式你可以使用另外一个应用程序来进行转换。

1. 在 Windows Live Movie Maker 上创建一个 WMV 文件。想要在 Windows Live Movie Maker 上创建一个 WMV 文件，打开这个项目，并按照如下步骤操作。

a. 选择文件｜保存电影，来打开"保存电影"窗口。这里的"文件"选项卡就是功能区左边那个未命名的选项卡。

b. 在"通用设置"部分，单击"存储在计算机"，"保存电影"对话框会出现。

c. 输入电影的名字，选择要储存的文件夹，然后单击"保存"按键。

现在，你已经创建了一个 WMV 文件，使用一个转换器将它转换成 iPhone 可以播放的格式，例如，免费版的 Full Video Converter（在本章后面的内容里会提到）。

2. 在 Windows Vista 系统中的 Windows Movie Maker 里面创建一个 AVI 文件。想要在 Windows Vista 系统中的 Windows Movie Maker 里面将一个电影保存为 AVI 文件，请按照如下步骤操作。

a. 在 Windows Movie Maker 中打开你的电影，选择文件｜发布电影（或者按住 Ctrl+P 组合键）来登录"发布影片向导"。向导会显示"你想将电影发布到哪里？"在屏幕上。

b. 在列表框中选择"这台计算机"项目，然后单击"下一步"按钮。向导会显示"你正准备发布的电影的名称"窗口。

　　c. 为电影输入名称，选择要存储在哪个文件夹中，然后单击"下一步"按键。向导会显示"为你的电影选择设置"窗口（见图 2-1）。

　　d. 选择"更多设置选项"按钮，然后在下拉菜单中选择 DV-AVI 项目。

> DV-AVI 项目会显示为 DV-AVI（NTSC）或者 DV-AVI（PAL），这取决于你在选项对话框上的"高级"选项卡中选择的是 NTSC 选项按钮还是 PAL 选项按钮。NTSC 是大部分北美地区使用的视频格式；PAL 的大本营则在欧洲。

　　e. 单击"发布"按钮，以这种格式将电影导出。当 Windows Movie Maker 导出完文件以后，它会显示一个"你的电影已发布"的窗口。

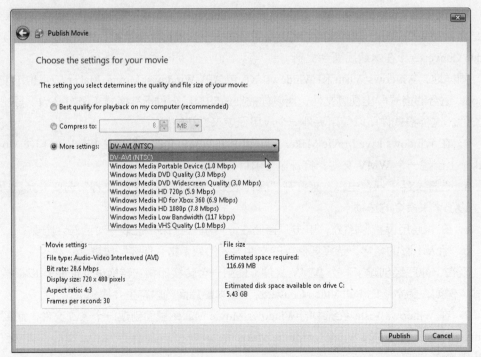

图 2-1　在"为你的电影选择设置"窗口，选择"更多设置"按钮，然后在下拉菜单中选择 DV-AVI 项目

　　f. 如果你不想立刻在 Windows Movie Player 中观看电影的话，那就不要选择"当我点击完成的时候播放电影"复选框。通常情况下，这是一个检查电影是否已经成功导出的好

方法。

　　g．单击"完成"按钮。

　　现在，你已经创建了一个 AVI 文件，使用一个转换器将它转换成 iPhone 可以播放的格式，例如使用免费版的 Full Video Converter（在本章后面的内容中会提到）。

　　3．在 Windows XP 系统中的 Windows Movie Maker 里面创建一个 AVI 文件。想要在 Windows XP 系统中的 Windows Movie Maker 里面将一个视频保存为 AVI 文件，请按照如下步骤操作。

　　a．选择"保存｜保存视频文件"来登录"保存电影"向导。这个向导会显示"电影位置"窗口。

　　b．选择"我的计算机"选项，然后单击"下一步"按钮。向导会显示"保存电影文件"窗口。

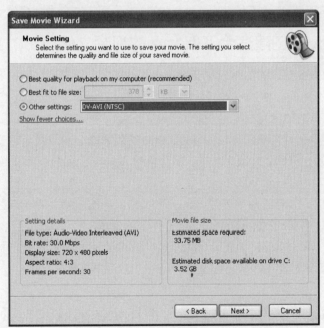

图 2-2　单击"显示更多选项"链接来让其他设置选项可见，然后选择"其他设置"按钮，
并从下拉菜单中选择 DV-AVI 项目

　　c．输入电影名称，并为电影选择文件夹，然后单击"下一步"按钮。向导会显示"电影设置"窗口（见图 2-2 中所示选项）。

d. 单击"显示更多"选项链接来显示"最适合文件大小"选项按钮和"其他设置"选项按钮。

e. 选择"其他设置"选项按钮，然后在下拉菜单中选择 DV-AVI 项目（详见 50 页介绍）。

f. 单击"下一步"按钮，以这种格式保存电影。向导会显示"完成保存电影向导"窗口。

g. 如果你不想立刻在 Windows Movie Player 中观看电影的话，那就不要选择"当我点击完成的时候播放电影"这个复选框。通常情况下，这是一个检查电影是否已经成功导出的好方法。

h. 单击"完成"按钮。

现在，你已经创建了一个 AVI 文件，使用一个转换器将它转换成 iPhone 可以播放的格式，例如使用免费版的 Full Video Converter（在本章后面的内容中会提到）。

使用 iMovie 创建适合 iPhone 的视频文件

想要使用 iMovie 创建能在你的 iPhone 上播放的视频文件，请按照如下步骤操作。

1. 当电影在 iMovie 中打开的时候，选择"共享 | iTunes"来显示"将你的项目发布到 iTunes"资料表（见图 2-3）。

2. 在"尺寸"区域，选择你想要创建的尺寸的复选框。圆点表示对于这种设备来说，这个尺寸是合适的。例如，如果你想在一台经典的 iPhone 上播放视频文件，选择"中等"复选框。

3. 单击"发布"按钮，然后等待一会，让 iMovie 创建压缩文件并将它们添加到 iTunes 中。随后，iMovie 会自动显示 iTunes。

4. 在"源"列表中单击"电影"选项，然后你会看到你刚刚创建的电影。双击一个文件来播放它，或者只是简单地将它拖曳到 iPhone 上来立刻下载。

使用现有的视频文件来创建适合 iPhone 播放的视频文件

如果你有现成的视频文件（例如 AVI 格式的文件或者 QuickTime 电影），你可以通过几种方法将它们转换成适合 iPhone 的格式。最简单的方法就是使用 iTunes 内置的功能——但是很不幸的是，这种方法只对一些视频文件有效。更复杂一点的方式就是使用 QuickTime 专业版，它能转换大多数已知的版本，但是这要花费 30 美元。

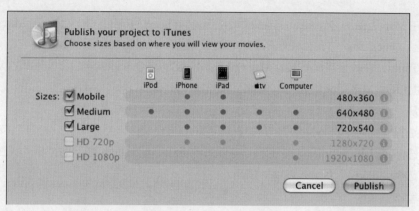

图 2-3　在 iMovie 里面的 "将你的项目发布到 iTunes" 资料表中，选择你想要创建哪种尺寸的
文件——例如，适合 iPhone 的中等大小

在 Windows 系统中，你也可以使用一个第三方的转换器，例如免费版的 Full Video Converter，这将在本章节后面的内容中介绍。

使用 iTunes 创建适合 iPhone 播放的视频文件

想要使用 iTunes 创建适合你的 iPhone 播放的视频文件，请按照如下步骤操作。

1. 将你的视频文件以下列方法之一添加到你的 iTunes 资料库中。

❏ 如果 iTunes 没在运行，就打开它。用一个 Windows 资源管理器窗口（在 Windows 系统下）或者 Finder 窗口（在 Mac 上）来打开包含视频文件的文件夹。排列一下窗口，这样你可以同时看见文件和 iTunes。将文件拖曳到 iTunes 中的 "资料库" 项目中。

❏ 在 iTunes 中，选择 "文件｜添加到资料库"，使用 "添加到资料库" 对话框来选择文件，然后单击 "打开" 按钮（在 Windows 系统中）或者 "选择" 按钮（在 Mac 上）。

2. 在 iTunes 窗口中选择 "电影"，然后选择 "高级｜创建 iPhone 或者 iPod 版本"。

如果 "创建 iPhone 或者 iPod 版本" 命令对当前文件不可用，或者，如果 iTunes 提示给你一个错误信息，你就会知道，iTunes 不能转换该文件。

使用 QuickTime 创建适合 iPhone 播放的视频文件

QuickTime 是苹果公司设计的使用在 Mac OS X 和 Windows 系统上的多媒体软件，它有两个版本：QuickTime 播放器（免费版本）和需要花费 29.99 美元的 QuickTime 专业版。

1. 在 Mac 上使用 QuickTime 播放器创建适合 iPhone 播放的视频文件。在 Mac OS X 操作系统上，QuickTime 包含在操作系统的标准安装中，并且如果你设法卸载了它的话，只要你安装 iTunes，它就会自动安装。Mac OS X 系统版本的 QuickTime 包含文件转换功能，你可以通过使用共享菜单来访问它。例如，按照如下步骤。

    a. 从登录器、底栏或者应用程序文件夹中打开 QuickTime 播放器。

    b. 选择"文件｜打开文件"，在打开对话框中选择文件，然后单击"打开"按钮。

    c. 选择"共享｜iTunes"来显示"将你的电影保存到 iTunes 中"对话框（见图 2-4）。

    d. 选择"iPod 和 iPhone 选项"按钮。

    e. 单击"共享"按钮。QuickTime 会转换文件。

2. 使用 Windows 系统中的 QuickTime 专业版来创建适合 iPhone 播放的视频文件。在 Windows 系统中，当你安装 iTunes 的时候，你也会安装 QuickTime 播放器，因为 QuickTime 为 iTunes 提供了很多的多媒体功能。"播放器"这个名字并不是完全准确的，因为 QuickTime 不仅为 iTunes 提供了编码服务，还有解码服务——但是，PC 上的 QuickTime 播放器并不允许你创建大多数格式的视频文件，除非你购买了 QuickTime 专业版。

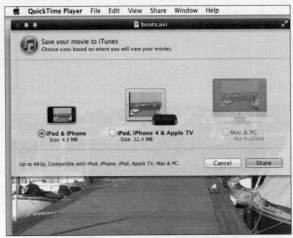

图 2-4　在 Mac 上，你可以使用 QuickTime 播放器将视频文件转换成适合 iPhone 播放的格式

 Windows 系统中的 QuickTime 专业版在一些用户中获得了好评，但是其他人却给了差评。如果你想购买一个 Windows 版本的 QuickTime 专业版，先读一读苹果商店上面对于它的最新评价（http://store.apple.com）。

适用于 Windows 系统的 QuickTime 播放器是一个残缺版本的 QuickTime 专业版，所以当你从苹果商店购买 QuickTime 专业版的时候，你所得到的只是解锁隐藏功能的注册码。想要应用注册码的话，选择"编辑│首选项│在 Windows 中注册"来显示"QuickTime 设置"对话框的"注册"选项卡。在 Mac 上，选择"QuickTime 播放器│注册"来显示 QuickTime 对话框的"注册"选项卡。

当你注册 QuickTime 专业版的时候，你必须在"注册"文本框中以苹果公司已经规定的格式输入你的注册名。例如，如果你已经使用 Mr.John P Smith 这个名字注册了 QuickTime Pro，并且苹果公司已经确认了 Mr.John P Smith 先生这个注册，你就必须使用 Mr.John P Smith 先生这个注册名。如果你试图使用 Mr.John P Smith，注册就会失败，即使这是你在注册的时候使用的正确注册名。

想要在 QuickTime 专业版上创建一个适合 iPhone 播放的视频文件，请按照如下步骤。

1. 在 QuickTime 专业版中打开文件，然后选择"文件│导出"来显示"将导出文件另存为"对话框。

2. 像往常一样，选择文件名和文件夹，然后在"导出"下拉列表中选择"适合 iPhone 的电影"。保留使用下拉列表中已经选择的默认设置。

3. 单击"保存"按钮，开始导出视频文件。

使用免费版的 Full Video Converter 创建适合 iPhone 播放的视频文件

如果你有使用 Windows 版的 iTunes 不能转换的视频文件，你可以使用格式转换程序，例如，免费版的 Full Video Converter（见图 2-5）。你可以从 Top 10 下载网站（www.top10download.com）以及其他网站上下载这个程序。当你安装这个程序的时候，确定拒绝任何额外的选项，例如添加一个工具栏、改变你默认的搜索引擎或者更改你的主页。

你可以在网上找到很多其他的免费程序来转换视频文件。如果你想找这样的程序的话，仔细确认一下你准备下载的是完全免费的，而不是一个残缺版本，当你转换文件的时候还需要另外付费。

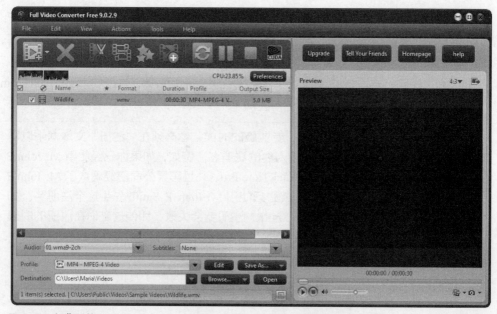

图 2-5 免费版的 Full Video Converter 能让你将各种各样的视频转换成适合在 iPhone 上播放的格式

> 另外一种将视频文件从一种格式转换成另外一种格式的方法——无论是在 Windows 系统中还是在 Mac 上——就是使用一种在线视频转换工具，例如，Zamzar（www.zamzar.com）。对于低容量的文件，转换是免费的（但是通过这种工具可能需要一段时间），但是，你必须提供一个有效的邮件地址。对于更高容量的文件或者更高的优先级，你可以注册一个付费账户。

在 Mac 上使用 HandBrake 创建适合在 iPhone 上播放的视频文件

如果你有不能使用 Mac 上的 iTunes 转换的视频文件，你可以试一试使用免费的转换程序 HandBrake（http://handbrake.fr）。下载 HandBrake，将它安装到应用程序文件夹中，从那里运行它，然后按照如下步骤操作。

1. 在工具栏上单击"源"按钮，显示打开对话框。

假如你拥有一个已经安装好的第三方解码工具，HandBrake 也可以刻录 DVD。想要了解详细情况，请参考本节最后的内容。

2. 单击你想要转换的文件，然后单击"打开"按钮。HandBrake 会显示文件的详细信息。

3. 在"标题"下拉菜单中，选择你想要的文件的标题——就是在文件中记录的项目。大多数的文件都只有一个名称，所以选择很简单，DVD 有很多不同的标题。

4. 如果这个文件被分成了几章（或几个部分），选择你想要使用的那些部分。在"章节"下拉菜单中选择第一个，并在整个下拉菜单中选择最后一个——例如，章节 1 ~ 4。

5. 在"目标"区域，如果有必要的话，改变转换后的文件的名称和路径。

6. 如果"预设"栏没有显示在窗口的右侧的话，在工具栏上单击"切换预设"来显示它。图 2-6 显示了已经显示预设栏的 HandBrake 窗口。

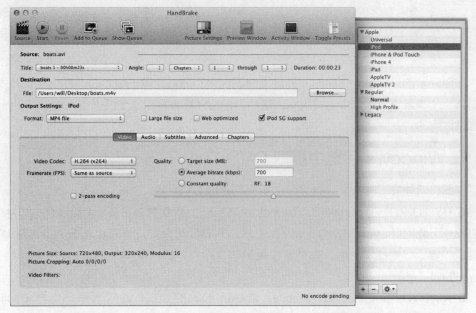

图 2-6 在 HandBrake 窗口右侧的"预设"栏让你可以立刻选择适合 iPhone 的视频设置

7. 在"预设"栏中，选择 iPhone 预设。

8. 如果需要的话，选择进一步的设置。（按下 ⌘+? 键，显示 HandBrake 用户指南来参考。）

9. 单击工具栏上的"开始"按钮,开始编码文件。

利用 DVD 光盘创建视频文件

如果你有 DVD 的话,你很可能想要将它们的内容放到 iPhone 上,这样你就不需要一台 DVD 播放机来观看了。本节将给出一个关于如何创建合适版本文件的概述,首先是在 Windows 系统中,然后是在 Mac 上。

因为没有特定权限的刻录商业版 DVD 是违反版权法的,所以你找不到从大公司出产的 DVD 刻录程序。你可以在互联网上找到商业程序、共享程序和免费程序——但是你一定要保持足够的智慧和警惕,因为有一些经过不良编程的程序对你的计算机是有威胁的,其中可能包括你不想要的部件,比如广告软件或者间谍软件。请在你想要下载并安装任何 DVD 刻录内容之前仔细阅读一下关于产品的评价,尤其是在你准备支付之前。通常在互联网上,一些看起来很好并且真实的内容,它基本上也是很好并且真实的。

在你开始刻录之前,确保你的光盘上并不包含不适合计算机版本的内容。在撰写本文的时候,一些蓝光光盘包含这些版本,这是为你的计算机和日常生活设备(例如 iPhone)上加载许可的。

在 Windows 系统中提取 DVD 文件

下面有两种关于在 Windows 系统中解码和提取 DVD 文件的解决方案。

❏ DVD43 和 DVD Shrink。DVD43 是一个免费的 DVD 解码工具,你可以在 DVD43 的链接——下载网页(www.dvd43.com)上下载。DVD43 可以打开 DVD,但是它不能从 DVD 上提取内容。想要提取的话,你需要使用另一个程序,例如 DVD Shrink(28.95 美元;www.offical-dvdshrink.org)。

❏ AnyDVD 和 CloneDVD Mobile。SlySoft 公司的 AnyDVD(大概 55 美元一年;www.slysoft.com)是一个和 CloneDVD Mobile(大概 45 美元一年;也是来自 SlySoft 公司)一起工作的解码工具。通过同时使用这两个程序,你可以将 DVD 上的内容提取成适合在 iPhone 上播放的格式。SlySoft 公司为这些程序提供了 21 天的试用版本。

在 Mac 上提取 DVD 文件

最适合在 Mac 上提取 DVD 文件的工具是 HandBrake，你在本节之前的内容中已经见到过这个程序。想要使用 HandBrake 提取 DVD 文件，你必须安装 VLC——一个 DVD 和视频播放应用程序（免费版的；www.videolan.org）。这是因为 HandBrake 使用了 VLC 的 DVD 解码功能；没有 VLC 的话，HandBrake 将不能解码 DVD。

一旦你已经安装了 VLC，只需要运行 HandBrake，单击"源"按钮，在源列表中单击 DVD，然后单击"打开"按钮。HandBrake 会扫描 DVD。你可以选择要提取哪个"标题"（DVD 上记录的痕迹），可以选择其中想要的章节。章节就是 DVD 上面的书签——例如，如果你在遥控器上按下"下一步"按钮，你的 DVD 播放机会跳到下个章节开始的地方。

高级技术达人

当你放入一张 DVD 的时候，要防止 Mac OS X DVD 播放器自动运行

当你插入一张电影 DVD 的时候，Mac OS X 会自动打开 DVD 播放器，将它切换为全屏，然后开始播放电影。这在你想要观看电影的时候是很好的行为，但是当你想要提取文件的时候就不是那么好了。

想要在你放入一张 DVD 的时候防止 DVD 播放器自动运行，请按照如下步骤操作。

1. 选择"苹果｜系统偏好设置"，打开"系统偏好设置"。
2. 在"硬件"部分中，单击"CD 和 DVD"项目。
3. 在"当你插入一张视频 DVD 时"的卜拉菜单中，如果你想每次都可以自由选择使用哪个应用程序，你可以选择忽略。如果你想一直使用一个相同的应用程序，选择"打开其他应用程序"，利用弹出的打开对话框来选择应用程序，然后单击"选择"按钮。
4. 选择"系统偏好设置｜退出系统偏好程序"或者按下 ⌘+Q 来关闭"系统偏好设置"。

项目 12：在电视上收看来自你的 iPhone 的视频

一旦你已经将视频文件下载到了你的 iPhone 上，你就可以在任何地方观看它们。当你自己就是全部观众的时候，在你的 iPhone 屏幕上观看会感觉很好，但是，当你需要与其他

人一起分享你的视频的时候，你可能想要一个更大的屏幕。通常情况下，最简单的解决方法就是在电视上播放来自你的 iPhone 的视频。

将你的 iPhone 连接到电视上

想要在一台电视上播放你的 iPhone 上的视频的话，你需要一条合适的数据线。首先来看一下苹果商店（http://store.apple.com）里的苹果复合 AV 数据线和苹果组件 AV 数据线，并且确定哪些是你的电视需要的。然后再决定是要购买苹果版本的数据线还是购买一个第三方的装备。

当你拥有数据线以后，将它连接到你的 iPhone 上的底座连接器端口以及电视上的合适输入口。你应该知道 iPhone 一端的连接口是长什么样的。

在电视上播放一段视频或者电影

在你将你的 iPhone 连接到电视上面以后，只需要像往常一样在 iPhone 上开始播放，你就可以在电视上播放视频或者电影了。

当你开始播放的时候，你的 iPhone 会提示你视频将输出到电视上（见下图）。

 如果电视没有显示视频的话，你将需要按一下 AV 按钮，以确保它使用的是正确的输入。

当你看完视频以后，断开电视上的数据线连接。

项目 13：使用照片流在你的所有设备中共享照片

使用你的 iPhone 上内置的摄像头能随时随地地拍摄高质量照片，这是非常不错的。但是更好的方法是使用照片流功能让这些照片能自动地出现在你的计算机上或者其他 iOS 设备（例如，你的 iPad）上。

在本节中，我将介绍如何设置和使用照片流。

了解什么是照片流以及它都能做什么

照片流是苹果 iCloud 服务的一部分，所以如果想使用照片流的话，你必须拥有一个 iCloud 账户。假设你已经有一台 iPhone 了，并且你已经设置了 iCloud 账户；如果还没有的话，你可以用几分钟的时间设置一下。

一旦你设置完成，照片流会自动在你的 iOS 设备和你的计算机之间同步最多 1000 张你最近的照片。照片流可以使每张照片在 iCloud 中存储 30 天，所以，如果你每周几次将每一个 iOS 设备连接到一个无线网络上，你很快就会获得每个设备上的所有新照片。

在你的 iPhone（或者你的 iPod touch、iPad）上，照片流包含了相机胶卷中的照片。相机胶卷中不仅有你使用照相机应用程序拍摄的照片，也包含从邮件账户、彩信或者网页上保存的图片。

照片流可以在任何运行 iOS 5 系统的设备上工作，这些设备包括 iPhone（3GS、4 或者 4S）、任何版本的 iPad，或者 iPod（第三代或者更新的版本）。它在 Mac 上与 iPhoto 或者 Aperture 一起工作，在 Windows 7 或者 Windows Vista 系统中则是和图片资料库配合使用。

在 iPhone 或者 iPod touch 上设置照片流

想要在你的 iPhone 或者 iPod touch 上设置照片流，请按照如下步骤操作。

1. 按下主屏幕按钮，显示主屏幕。
2. 点击"设置"图标，显示"设置"窗口。
3. 将窗口向下滑动到第三个框，即以"通用"按钮开始的那一个，然后再向下滑动，这样，你就能看见如图 2-7 左侧所示的应用程序。

图 2-7　在"设置"窗口上点击"照片"按钮，显示"照片"窗口（右图），然后将照片流的
开关移动到启动位置

4. 点击"照片"按钮，显示"照片"窗口（如图 2-7 右侧所示）。

5. 点击照片流开关，将它移动到开启位置。

　　　当你将照片流开关切换到开启位置的时候，如果你目前没有登录 iCloud，你的 iPhone 或 iPod touch 会提示你登录到 iCloud。

6. 点击"设置"按钮，返回到"设置"窗口。

在 iPad 上设置照片流

想要在你的 iPad 上设置照片流，请按照如下步骤操作。

1. 按下主屏幕按钮，显示主屏幕。

2. 点击"设置"图标，显示"设置"窗口。

3. 在左边栏中点击"照片"按钮，显示"照片"窗口。

4. 点击照片流开关，将它移动到开启位置。

　　　当你将照片流开关切换到开启位置的时候，如果你目前没有登录 iCloud，你的 iPad 会提示你登录到 iCloud。

在 PC 上设置照片流

如果你有一台运行 Windows 7 或者 Windows Vista 系统的 PC，你可以设置照片流来自动同步你的照片。想要做到这一点，你需要安装 iCloud 控制面板，然后登录你的 iCloud 账户并开启照片流。你也可以改变 iCloud 使用的默认文件夹。

❏ 下载文件夹。"我的照片流"在你的图片文件夹\照片流\文件夹中，例如，如果你的用户账户名称是 Chris，那么路径是 C:\用户\Chris\图片\照片流\我的照片流\。

❏ 上传文件夹。"上传"文件夹在你的图片文件夹\照片流\文件夹中，例如，如果你的用户账户名称是 Chris，那么路径是 C:\用户\Chris\图片\照片流\上传\。

想要在你的 PC 上设置照片流，请按照如下步骤操作。

1. 如果你的计算机上还没有 iTunes 的话，从 www.apple.com/itunes/ 上下载最新版本并安装。在使用 iCloud 和照片流的时候，你运行的必须是 iTunes10.5 或者更新的版本。

2. 选择"开始 | 所有程序 | 苹果软件更新"来运行苹果软件更新程序，它将为你检查更新 iTunes 版本和你需要的新组件。图 2-8 显示了苹果软件更新已经准备下载并安装更新了。

图 2-8　运行苹果软件更新程序，它将为你检查 iTunes 是否有新版本和你需要的新组件

3. 选择每个你需要安装的项目前面的复选框。例如，在图 2-8 中，我已经选择了一个新版本的 iTunes 的复选框、一个新版本的 QuickTime 的复选框以及 iCloud 控制面板的复选框。但是我没有选择安装 Safari 5 浏览器。

 QuickTime 是一个 iTunes 用来播放音频和视频的苹果程序。想要使用 iTunes 提供的所有功能，你必须在你的计算机上安装 QuickTime。所以，如果苹果软件更新为你提供了一个新版本的 QuickTime，那就下载并且安装它。

4. 单击"安装"项目来下载并安装你选择的项目。你可能需要接受一个或多个终端用户许可协议来进行。

5. 如果苹果软件更新提示你重新启动你的计算机的话，那就这样操作（见下图），并且重新登录。

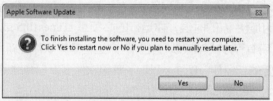

6. 单击"开始"按钮，打开"开始"菜单。

7. 在"搜索"框中输入 iCloud，然后单击出现的 iCloud 结果。iCloud 的登录对话框就会打开（见下图）。

8. 在"用你的苹果账户登录"文本框中输入你的苹果账号，并且在"密码"文本框中输入你的密码。

9. 单击"登录"按钮。iCloud 会出现如图 2-9 所示的对话框。

10. 选择"照片流"复选框，打开"照片流"。

图 2-9　在这个 iCloud 对话框中，选择每一个你想要使用的 iCloud 功能前面的复选框

11.　如果你想要确认或者更改默认的"下载"文件夹或"上传"文件夹，单击"选项"按钮右边的"照片流"复选框来显示"照片流选项"对话框（见下图）。

12.　单击与下载文件夹在一行上的"改变"按钮，在"浏览文件夹"对话框中选择你想要的文件夹，然后单击"完成"按钮。

13.　单击与上传文件夹在一行上的"改变"按钮，在"浏览文件夹"对话框中选择你想要的文件夹，然后单击"完成"按钮。

14.　单击"完成"按钮来关闭"照片流选项"对话框并且返回到 iCloud 对话框。

15.　单击"应用"按钮来应用你改变的内容。

16. 单击"关闭"按钮来关闭 iCloud 对话框。当你单击"应用"按钮的时候,"关闭"按钮就会出现在"取消"按钮的地方。

现在,确定照片流是正在工作的。按照如下步骤操作。

1. 选择"开始│图片"来打开一个显示你的图片文件夹的 Windows 资源管理器窗口。

2. 双击"照片流"文件夹来打开它。

3. 双击"我的照片流"文件夹来打开它。

4. 检查出现在该文件夹中的来自你的照片流的照片。

5. 将任何你想要上传到你的照片流的照片添加到"上传"文件夹。

在 Mac 上设置照片流

想要在你的 Mac 上设置照片流,请按照如下步骤操作。

1. 选择"苹果│系统偏好设置"来显示"系统偏好设置"窗口。

2. 在互联网和无线连接部分,单击"邮件、通讯录和日历"图标来显示"邮件,通讯录和日历"窗口(见图 2-10,图中已经选择了一个 iCloud 账户)。

3. 在左侧的账户列表中,单击你的 iCloud 账户来显示其控制。

图 2-10　想要在你的 Mac 上打开照片流,在系统偏好设置上的"邮件、通讯录和日历"窗口中的 iCloud 面板里选择照片流的复选框

如果你尚未在你的 Mac 上设置 iCloud 账户，在"邮件、通讯录和日历"窗口左侧栏中单击"添加账户"按钮。然后单击 iCloud 按钮来显示 iCloud 对话框，输入你的苹果账户和密码，然后单击"登录"按钮。在打开的"自动设置 iCloud"对话框中，如果你想要使用自动设置过程的话，单击"完成"按钮；如果你想要自己做所有选择的话，单击"手动设置"按钮。然后你的 iCloud 账户就会出现在"邮件、通讯录和日历"左侧栏中的账户列表里。

4. 选择"照片流"复选框。

5. 选择"系统偏好设置 | 退出系统偏好设置"或者按下 ⌘+Q 来退出"系统偏好设置"。

　　现在，你已经设置你的 Mac 使用照片流，它会自动下载目前在你的照片流中的照片。想要看照片的话，登录 iPhoto，在"源"列表中的"最近"类别中单击"照片流"项目，然后单击"打开照片流"按钮。

　　当你从你的照相机或者一张 SD 卡上面将照片导入到你的 iPhoto 资料库中的时候，iPhoto 会自动将照片上传到照片流中，所以它们也会出现在你的使用照片流的其他设备和计算机上。

　　# 高级技术达人

使你的 Mac 适合 iCloud

　　想要最大限度地发挥 iCloud 的功能，你的 Mac 上运行的必须是 Lion 操作系统。更早版本的系统，包括 Snow Leopard 系统（Mac OS X 10.6），不能使用 iCloud 的所有功能。

　　想要使你的 Mac 适合 iCloud，首先确认你的 Mac 正在运行的是 Mac OS X Lion 10.7.2 或者更新的版本。最简单的检查方式就是选择"苹果 | 关于这台 Mac"，然后看一看在"关于这台 Mac"对话框中读出的版本。如果你的 Mac 有一个更早版本的 Lion 系统，在"关于这台 Mac"对话框中，单击"软件更新"按钮，然后按照提示下载并安装最新的更新。

　　第二，将 iTunes 更新到最新版本。如果你刚刚更新了 Lion 系统并接受了所有提供的更新，那么你已经更新完 iTunes 了。如果没有的话，选择"苹果 | 软件更新"来运行软件更新，然后安装任何 iTunes 更新提供的，以及任何将使你的 Mac 受益的更新。（通常情况下，安装所有的更新是一个好办法。）

　　一旦你完成了这些更新，你可以在系统偏好设置里的"邮件、通讯录和日历"窗口上的 iCloud 面板里设置你的 iCloud 账户。

　　想要将其他照片添加到你的照片流中，选择 iPhoto 中的照片，单击 iPhoto 窗口右下角的"共享"按钮，然后在弹出的面板中单击"照片流"。

项目 14: 使用 iPhone 上的照相机拍摄微距、长焦、全景照片

考虑到你的 iPhone 的标准镜头本身是多么微小以及它使用的传感器是多么小，它拍摄的照片质量是很让人吃惊的。实际上，照片质量是如此之好，以至于当你的 iPhone 在手边的时候，你可能不想随身携带一台数码照相机来做相同的事情。

不过，虽然 iPhone 拍摄的照片已经很好了，你可能还想让它们变得更好。在这个项目中，我们将看看以两种方法使用你的 iPhone 拍摄更好的照片。

- 添加镜头来拍摄微距、鱼眼和长焦照片。
- 解锁 iphone 隐藏的全景摄像功能，这样你就可以拍摄全景照片了。

通过添加镜头来提升摄像头的能力

iPhone 与一台专用的数码相机相比有差距的地方就是它的镜头是固定的，而不能提供微距功能和缩放功能。但是你可以通过在你的 iPhone 上添加镜头的方法来越过这个限制。

 数码相机使用两种变焦方法：光学变焦和数码变焦。光学变焦包括移动一个或更多的镜头来实现变焦效果并且保持高质量的图像拍摄。数码变焦通过增加变焦区域像素的大小来工作，这将会产生低质量的结果。你的 iPhone 使用的就是数码变焦而不是光学变焦。

因为 iPhone 没有安装镜头的卡口，镜头需要以不同的方法安装在其位置上。

- 你会发现大多数的镜头都是内置在机器上的，这意味着需要替换一下你现在的机器（如果你正在使用一个的话）。
- 其他镜头是夹在 iPhone 上的——这往往意味着 iPhone 不能携带一个这样的器械。
- 有些镜头是通过一个磁环连接的。这只对轻型镜头是有用的，并且再次意味着 iPhone 不能安装一个这样的器械。

你可以在亚马逊、eBay 以及其他网站上找到各种各样的中等成本的镜头。亚马逊往往是购买这样的镜头的比较好的地方，因为它上面的评价将给予你关于产品质量的实用性建议。

对于更加昂贵和高质量的镜头来说，通常你最好还是考虑在专业的商店，例如 Photojojo（http://photojojo.com/store/）购买。在这里，你可以找到如下这些东西。

❑ iPhone SLR Mount。iPhone SLR Mount（见图 2-11）是一个能使你在 iPhone 上面安装佳能 EOS 镜头或者尼康 SLR 镜头的器械。（这里有针对佳能和尼康的镜头的型号。）iPhone SLR Mount 需要花费 249 美元。

图 2-11　iPhone SLR Mount 使你能够将一个全尺寸的镜头安装到你的 iPhone 上
（照片由 Photojojo 提供，http://photojojo.com）

❑ iPhone Lens Dial。iPhone Lens Dial（见图 2-12）是一个铝制外套搭配 3 个内置镜头——长焦、广角和鱼眼镜头。这些镜头安装在一个旋转转盘上，你可以从一个镜头切换到另外一个。iPhone Lens Dial 需要花费 249 美元，并且有两个内置的三脚架——一个用于人像定位，另外一个用于风景定位。

图 2-12　iPhone Lens Dial 让你可以迅速在鱼眼镜头、广角镜头和长焦镜头之间切换（照片由 Photojojo 提供，http://photojojo.com）

❑ iPhone Video Rig。iPhone Video Rig（见图 2-13）是用一大块打磨的铝合金制作的，它能将你的 iPhone 变成一个易于使用的视频摄像机。额外的重量以及两个把手可以帮助你保持 iPhone 的稳定，并且 4 个三脚架插座能帮你将它稳定地安装在三脚架上。iPhone Video

Rig（169 美元）还有一个可调节话筒，这样可以避免你的手指堵塞了 iPhone 内置的话筒。

图 2-13 iPhone Video Rig 提供了额外的分量，可调节的话筒、2 个把手以及 4 个三脚架插座
（照片由 Photojojo 提供，http://photojojo.com）

打开你的 iPhone 上秘密的全景模式

想要使用你的 iPhone 拍摄全景照片，你需要打开全景模式。在撰写本文的时候，全景模式内置在 iOS 5 系统中，但它不是暴露给用户的，这可能是因为苹果公司还在研发过程中。所以你需要做一点黑客手段来在你的 iPhone 上打开全景模式。

下面是我们将在本节中做的事情。

- 备份你的 iPhone，这样如果出了问题的话，你可以恢复正常版本。
- 下载并安装一个叫作 iBackupBot 的应用程序，然后使用它来编辑 iPhone 的配置文件。
- 恢复你的 iPhone，这样它使用的是编辑后的配置文件。
- 拍摄全景照片。

备份你的 iPhone

首先，备份你的 iPhone。请按照如下步骤操作。

1. 将你的 iPhone 连接到你的计算机或者 Mac 上。如果你想的话，你可以使用 Wi-Fi 同步，但是用 USB 数据线更快。

2. 如果 iTunes 自动启动并且开始同步你的 iPhone 的话，让它完成。如果你已经配置 iPhone 不自动启动并且同步的话，你可以自己通过在菜单或者任务栏上（在 Windows 中）或者 Dock（在 Mac 上）单击 iTunes 图标来打开 iTunes。

3. 在源列表中单击"进入 iPhone"来显示它的控制窗口。

4. 如果 iTunes 没有最先显示"摘要"窗口，在上面的工具栏中单击"摘要"按钮来显示它。

5. 在备份框中，确定"备份到这台计算机"复选框被选中。

6. 也是在备份框中，确定"加密 iPhone 备份"复选框没有被选中。

7. 在设备列表中，右键单击（或者在 Mac 上按住 Ctrl 键单击）你的 iPhone，然后在下拉菜单中单击"备份"（见下图）。

8. 当备份完成以后，验证一下在备份框底部出现的"在这台计算机上最后的备份"读出是今天以及备份完成的时间。

最好在"摘要"窗口还显示的时候，保持你的 iPhone 连接到你的计算机上一段时间。

下载并安装 iBackupBot，并且编辑首选项文件

下一步，下载并安装 iBackupBot。请按照如下步骤操作。

1. 打开你的浏览器，并且转到 iCopyBot 网站的下载页面，www.icopybot.com/download.htm。

2. 下载 Windows 系统或者 Mac 的免费试用版 iBackupBot，并且在你的计算机上安装。试用版是受限制的，但是它允许你以如下这种需要的方式编辑 iPhone 配置文件。

3. 从开始菜单中打开 iBackupBot（在 Windows 系统中）或者启动应用程序文件夹（在 Mac 上）。

4. 在左侧栏中，展开 iTunes 备份列表，然后单击你想使用的备份——通常是你的最新备份。右侧栏显示了包含在备份中的偏好文件列表，（见图 2-14）。

5. 在右侧栏中，双击 com.apple.mobileslideshow.plist 文件，在"编辑"窗口中打开它（如下所示）。

"保存"按钮　　　　　　"退出"按钮

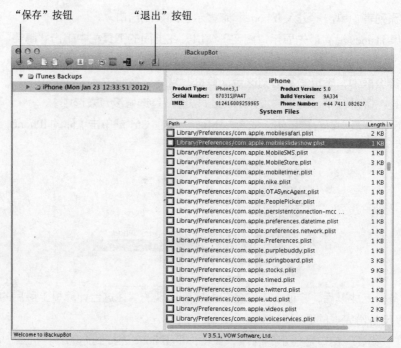

图 2-14　在左侧栏中，单击你想使用的备份，然后在右侧栏中双击 com.apple.mobileslideshow.plist 文件

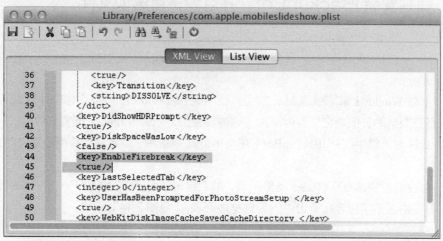

6.　寻找两行如下所示文字。

<key>DiskSpaceWasLow</key>

<false/>

7. 单击将插入点放置在第二行中的<false/>后面，然后按下回车键或者返回键来创建一个新行。

8. 输入 EnableFirebreak 键和它的数值，如下所示。

<key>EnableFirebreak<key/>

9. 单击工具栏左下的"保存"按钮来保存改变值。

10. 单击工具栏右下的"退出"按钮来关闭"编辑"窗口。

11. 关闭 iBackupBot。例如，选择"文件｜退出"（在 Windows 系统中）或者"iBackupBot｜退出 iBackupBot"（在 Mac 上）。

用更新后的配置文件恢复你的 iPhone。

现在，返回到 iTunes，并且恢复你的 iPhone。请按照如下步骤操作。

1. 在 iTunes 中的 iPhone 控制窗口上如果没有显示"摘要"窗口的话，显示它。

2. 右键单击（或者在 Mac 上按住 Ctrl 键单击）进入 iPhone "源"列表中的"设备"类里，然后在下拉菜单中单击还原备份。iTunes 会显示还原备份对话框（见下图）。

3. 确保"iPhone 的名称"下拉列表里显示 iPhone 的名字（这不会出现问题，除非在这台计算机上同步多台 iPhone，但是无论如何都要检查）。

4. 单击"还原"按钮。iTunes 会从你创建的备份中还原数据，并且这样做可以加载你编辑好的首选项文件。

5. 当还原操作完成时，断开 iPhone 的连接。

在你的 iPhone 上拍摄全景照片

你现在可以在你的 iPhone 上拍摄全景照片。按照如下步骤操作。

1. 在主屏幕上，通过单击图标，打开"相机"应用程序。

2. 点击"选项"按钮来显示相机选项，如下图所示。

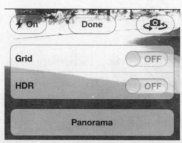

3. 点击"全景"按钮从而打开全景功能。摄像应用程序会显示如图 2-15 左图所示说明。

4. 点击"相机"按钮开始拍摄全景照片。

5. 转向你的右侧，将白色箭头保持在窗口上方的白线上（见图 2-15 右图）。

6. 当你转到全景照相的终点，点击"相机"按钮结束全景拍摄。

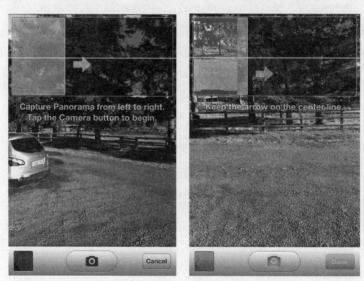

图 2-15　打开全景功能以后，点击"相机"按钮开始拍摄全景照片；转向你的右侧，
并且将白色箭头保持在白线上（右图）

项目 15：拍摄高质量自拍照

你的 iPhone 内置了一个前置摄像头——就是在窗口一侧的摄像头——它可以很好地进行 FaceTime 视频聊天，还可以进行快速的自拍。因为你可以在窗口上看见自己，你可以先

检查拍摄的构图，并确保做出了完全正确的笑脸或者鬼脸，然后再释放快门。但是你将受限于前置摄像头的较低像素——640 像素×480 像素，也称 VGA 分辨率。

　　所以如果你想拍摄出高质量的自拍照的话，你就需要使用后置摄像头，后置摄像头拥有更高的分辨率，iPhone 4S 上的摄像头是 3264 像素×2448 像素（可以拍摄 800 万像素的照片），iPhone 4 上的摄像头是 2592 像素×1936 像素（可以拍摄 500 万像素的照片）。使用后置摄像头你不仅可以获得更高像素的照片，而且后置摄像头还配有一个闪光灯，前置摄像头则只能将就用可用的光线。

　　　　使用你的 iPhone 上的后置摄像头拍摄高质量自拍照，最简单的方法就是找别人给你照相。你肯定不需要我告诉你该怎么去做。但是有些时候你可能想要自己控制拍照的整个过程。在这个项目里，我将告诉你如何去做。

想要使用你的 iPhone 的后置摄像头来进行自拍的话，你需要做如下两件事情。

- ❑ 将你的 iPhone 安装到一个三脚架上。
- ❑ 获取一个可以提供自拍功能的应用程序。

让我们按顺序分别看一下它们。

将你的 iPhone 安装到一个三脚架上

　　首先，你需要将你的 iPhone 安装到一个三脚架上。

　　你可以购买一个专门为 iPhone 设计的三脚架。事实上，如果你在 eBay 上输入 iPhone 三脚架进行搜索的话，你可以得到比你想象的多得多的结果。亚马逊网站上也有很多。并且如果你浏览一下在线的专业摄影商店，你会发现更多。

　　通常，你支付的金额越多，三脚架的质量可能会越好。例如，一个更贵的三脚架可能是由铝而不是塑料制作的。但是因为 iPhone 是如此之轻，以至于一个坚固的塑料三脚架也足以在风不太大的情况下坚持足够长的时间，所以你不必花费大量金钱来购买一个重型三脚架。

　　图 2-16 显示了一个轻量级的台式三脚架，它可以在家庭环境下足够好地完成工作。正如你所看见的，这个三脚架有一个弹簧加载的压力夹来保持 iPhone 的稳定性。

图 2-16　一个专门为 iPhone 设计的三脚架通常会有一个弹簧加载的压力夹来保持 iPhone 的稳定性

> ⚏　　　如果你购买的是专门为 iPhone 设计的三脚架，确保 iPhone 的把手是可拆卸的并且拥有一个普通的三脚架螺钉，这样你就可以将它安装在一个全尺寸的三脚架上。

　　除非你想要拍摄虫眼视图（或者你随身携带一个桌子），一个台式三脚架并不能在户外很好的工作。你可能想要的是一个能工作在任何有螺钉纹路的相机上的普通三脚架。你可能已经有一个这样的三脚架在家中，如果没有的话，你可以借用或者购买一个，都是很轻松的。

　　想要将你的 iPhone 安装在一个三脚架上，你需要一个能抓住 iPhone 的支架，它也可以提供一个螺钉孔来将它安装到一个三角架的螺钉上。如果你已经购买了一个台式三脚架的话，看一下你能否将顶部拆卸下来并把它安装到一个普通三脚架上。如果不能的话，单独购买一个三脚架支架。

　　图 2-17 显示了使用台式三脚架上的压力夹将 iPhone 安装在一个全尺寸的三脚架上。

图 2-17　将你的 iPhone 安装在一个全尺寸的三脚架上使你能够拍摄高质量的自拍照以及其他需要稳定性的照片

这样的安排看起来有点滑稽，尤其是从主体这一方来看，因为 iPhone 并没有一个你能盯着看的沉重镜头。但是它的效果很好，这才是我们要关心的事情。

在 eBay 或者亚马逊上搜索 iPhone 三脚架安装器或者 iPhone 三脚架支架，你会找到很多。一个塑料的三脚架就能完成工作，但是如果你有选择的话，寻找一个有金属孔而不是塑料孔的支架，这个孔用来连接到三脚架上的螺钉。塑料孔往往会很快磨损，特别是当你将它们拧得过紧的时候。

获取一个带有自拍定时功能的应用程序

接下来你需要做的就是获得一个带有自拍定时功能的照相机应用程序。iPhone 内置的摄像头应用程序并没有自拍定时功能，所以你需要去寻找一个第三方应用程序。

如果你已经购买了这样一个第三方应用程序，检查一下它是否带有自动拍照功能。如果没有的话，你有很多种选择，但是在这篇文章里你最好的选择就是摄影助手。

摄影助手是由 Joby 公司设计的一款具有增强摄像功能的应用程序，Joby 是一家制作 Gorillapod 系列灵活三脚架的公司。除了它的价格很合理外，摄影助手还有很多优秀的特征，包括具有延时能力的自动拍照功能（这正是我们需要的），这将会非常适合于捕捉日出，如果你需要的话，它还可以用来监控。你可以在拍照时将自拍定时器设定为 3 秒到 90 秒的任意时间，这段时间不仅足够你进入镜头，并且还可以整理一下头发。

想要下载并安装摄影助手，请按照如下步骤。

1. 激活 iTunes 窗口。

2. 在左边"源"列表中双击"iTunes 商店"项目，从而打开一个窗口显示 iTunes 商店。

3. 在"搜索"栏中输入"摄影助手"并按下确认或者回车。

4. 单击相应的搜索结果显示应用程序页面。

5. 单击购买此款应用程序，然后确认购买。

　如果你喜欢的话，你也可以用你的 iPhone 在 iTunes 商店里购买摄影助手。

下载并安装完摄影助手，你可以像下面这样快速设置自动拍照延时器。

1. 在摄影助手页面的左下角点击"设置"按钮来显示"设置"窗口（见图 2-18

左图）。

2．点击"自动拍照延时"开关并把它移动到开启的位置。摄影助手会在窗口底部"设置"键和"快门"键中间显示"自动拍照"键。

3．再一次点击"设置"按钮关闭"设置"窗口。

4．点击"自动拍照延时"按钮显示"延迟"弹出菜单（见图 2-18 右图）。

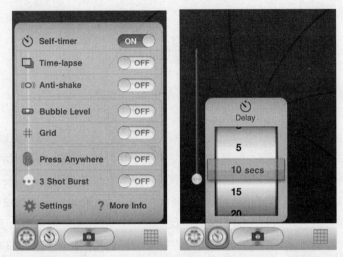

图 2-18　在摄影助手页面的左下角点击"设置"按钮来显示"设置"窗口（左图），然后点击"自动拍照延时"开关并把它移动到开启的位置，你可以点击"自动拍照延时"按钮并设置延迟时间

5．点击你想要的延迟时间，比如 10 秒。

现在，当你做好照相准备的时候，点击"快门"键，倒计时开始。

项目 16：拍摄延时电影以及在不同帧速率下拍摄视频

你的 iPhone 上的摄像头是以 30 帧每秒的速率拍摄高清视频的。

- iPhone 4S 1920 像素×1080 像素（1080p）
- iPhone 4　1280 像素×720 像素（720p）

这个质量对于拍摄广播质量的视频来说已经足够高了，所以你会想要充分利用它——例如，将你编辑好的视频剪辑发布到 YouTube 网站上，或者就在你的 iPhone 上或你的 Mac 上使用 iMovie 软件将这些视频做成电影。

但是如果你对于拍摄视频和制作电影要求十分严格的话，你将可能想要超越照相机应用程序所能做的工作。你可以通过安装一个第三方应用程序来实现这个愿望，它能让你完全控制摄像头是如何拍摄视频的：选择分辨率，设置帧速率，锁定对焦或者曝光等。

在这个项目中，我们来看一看你如何改变帧速率来制作延时电影，以及如何拍摄会以更高速度出现的连续镜头。例如，如果你以 15 帧每秒的速率拍摄视频，但是却用正常速度播放它，一切事情将会以 2 倍速度发生。并且如果你以一个单一的帧速率拍摄一个延时的日出视频，当你播放它的时候，视频中真实时间的每一分钟将被压缩成两秒钟。

获得一个 FiLMiC Pro

在撰写本文的时候，能给你的 iPhone 摄像头添加功能的最好应用程序是 FiLMiC Pro，它需要花费 3.99 美元。FiLMiC Pro 让你能够完全控制摄像头的帧率、曝光、白平衡、分辨率和其他设置。

第一步是获得一个 FiLMiC Pro。请按照如下步骤操作。

1. 激活 iTunes 窗口。
2. 在左侧的"源"列表中双击"iTunes 商店"项目来打开一个窗口显示 iTunes 商店。
3. 在"搜索"框中输入"FiLMiC Pro"，并且按下确定键或者回车键。
4. 单击相应的搜索结果来显示应用程序的页面。
5. 单击按钮购买这个应用程序，然后确认购买。

如果你喜欢的话，你也可以用 iPhone 在 iTunes 商店里购买 FiLMiC Pro。

在 iTunes 下载完应用程序以后，同步你的 iPhone 来安装它。依据你的同步设置，你可能需要在 iTunes 中的应用程序窗口上选择应用程序的复选框来将它安装到 iPhone 上。

启动 FiLMiC Pro

安装完 FiLMiC Pro 以后，在主屏幕上点击它的图标来运行它。FiLMiC Pro 显示了摄像头捕捉到的任何影像，见图 2-19。

这个界面使用起来非常简单。例如，你点击对焦十字线并把它拖曳到在窗口上你想要对焦的区域；同样地，你点击曝光十字线并且将它移动到窗口上测量曝光的区域。

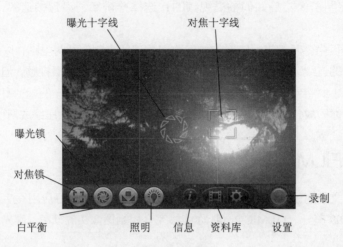

曝光十字线　　　　　　对焦十字线

曝光锁

对焦锁

白平衡　　　　　　照明　信息　资料库　　设置

录制

图 2-19　FiLMiC Pro 提供了独立的对焦和曝光光罩，你还可以调节白平衡和帧速率

调节帧速率

想要调节帧速率，请按照如下步骤操作。

1. 在 FiLMiC Pro 窗口上点击"设置"按钮来显示"设置"窗口（见图 2-20 左侧）。

2. 点击"FPS"按钮来显示"帧速率"窗口（见图 2-20 右侧）。

3. 点击你想要的帧速率。你的选择范围从 iPhone 的最高速度，即 30 帧每秒到一个帧每秒。

4. 点击"设置"按钮，返回到"设置"窗口。

5. 点击"完成"按钮，返回拍摄界面。

拍摄你的视频

当帧速率按照你想要的方式设置好以后，你就已经准备好要拍摄你的视频了。将你的 iPhone 按照前面项目中介绍的一样安装在一个三脚架上，排列好你的拍摄主体，然后点击"录制"按钮。

图 2-20　在"设置"窗口（左图）上，点击"FPS"按钮来显示"帧速率"窗口（右图），
然后点击你想要使用的帧速率

项目 17：改造或者制作一个斯坦尼康稳定器来使你的 iPhone 在拍摄视频时保持稳定

你的 iPhone 可以拍摄高清视频，并且考虑到它的尺寸，它已经提供了非常好的效果。但是当你的拍摄物体在移动的话，它可能会有一点问题。

然而，全尺寸的视频摄像头采用的是一个机械快门来创建单独的视频帧，你的 iPhone 使用的是一个滚动快门，这种快门需要几毫秒来创建每一帧。滚动快门不适合捕捉移动的图像，因为一个快速移动的物体在一个帧被捕捉的时候会移走。这将会导致视频变得模糊。

在拍摄视频的时候，如果你（摄影师）移动了 iPhone，也会导致视频变得模糊。当你从一个固定的位置拍摄的时候，你可以通过使用一个三脚架来让 iPhone 保持稳定，就如同在本章前面提到的一样。但是当你在移动时，你需要使用一个设备来稳定 iPhone 和抵消你自己的运动，这样才能使你拍摄的视频显得平滑。

这样的视频相机稳定设备通常被称为斯坦尼康稳定器。你可以购买 iPhone 专用的斯坦尼康支架，但是如果你已经有一个斯坦尼康稳定器的话，改造它会更加有意义，就如在本项目第一部分所描述的一样。并且如果你没有斯坦尼康稳定器的话，你可能更愿意做一个而不是购买一个。在这个项目的第二部分，我将向你介绍如何从头开始制作一个斯坦尼康稳定器。

将你的 iPhone 安装在一个已有的斯坦尼康稳定器上

如果你已经有一个斯坦尼康稳定器的话，你应该可以将你的 iPhone 安装到上面。

 如果你没有斯坦尼康稳定器的话，你可以以 100 美元或者更低的价格购买一个最合适的。在撰写本文的时候，最好的选择是 Lensse 卡片机稳定器，在 eBay 上面你会发现它大概要 70 多美元。你可能会看见这个稳定器被描述为 iSteady，但是搜索 Lensse 稳定器通常是最有效的。

对于大多数斯坦尼康稳定器来说，你需要的就是一个三角支架，如在本章前面的项目 15 中描述的那种。将三角支架拧紧在斯坦尼康稳定器上，将你的 iPhone 安装在支架上，然后看一下是不是可以平衡。

如果稳定器是为一个比 iPhone 重得多的相机设计的（就像大多数斯坦尼康稳定器一样），你可能需要调整重量甚至在斯坦尼康稳定器上面添加重量来获得最好的平衡。

为你的 iPhone 制作一个斯坦尼康稳定器

如果你没有斯坦尼康稳定器，并且你也不想买一个的话，你可以在几个小时之内自己制作一个，而且你使用的部件很可能就在你家里或者院子中——但是还有一件东西你可能需要去购买。

本节将告诉你如何使用一个旧的自行车轮来制作一个斯坦尼康稳定器。

 这种稳定器的灵感来源于托马斯·约翰逊设计的一个稳定器。想要看一下约翰逊的斯坦尼康稳定器，转到 YouTube，并且搜索一下 "thomasumjohnson"。

获得制作斯坦尼康稳定器所需的东西

下面就是你制作斯坦尼康稳定器所需的东西。

❏ 自行车轮。一个来自儿童自行车的车轮是最好的选择——例如，一个 16 英寸或者

18 英寸车轮。如果你想要的话，你也可以使用一个全尺寸（26 英寸或者 27 英寸）的自行车轮，但是结果可能会比你想要的大一些，除非你需要能够安装一个更大的照相机而不仅仅是你的 iPhone。

❑ 三脚架支架。你需要一个三脚架支架来将你的 iPhone 安装在斯坦尼康稳定器的顶部。斯坦尼康稳定器在顶部有一个标准的螺钉，这样你可以使用一个与连接到你的 iPhone 上的三脚架相同的三脚架支架。

❑ 三脚架头。为了让你的 iPhone 指向你想要的角度，你将需要一个三脚架头。

❑ 万向支架或者万向节。想要减幅你的移动，斯坦尼康稳定器需要一个能自由地转向两个方向的连接器。最好的选择就是由 Lenssde 公司制作的黄铜万向节。你可以在 eBay 网站上以最高 15 美元的价格选购它们。或者，你可以使用一个万向节，就如 Traxxas 公司制作的，用在无线电遥控玩具车上的一样。

 万向节是一种可以在两个或者三个方向自由转动来保持仪器水平的设备。大多数的万向节设计包括了一些环，这些环每一个之间枢轴都是直角。

❑ 配重。想要获得最佳的平衡，斯坦尼康需要在底部有一个配重物。这可以是非常普通的物品——例如，一块废金属。我使用的是一个哑铃上的小重片。你所需要的重量取决于你使用在斯坦尼康稳定器上的其他东西，但是通常都会在一磅或者几磅之间。

❑ 工具。你将会需要适当数量的自行车修理和金属加工工具。

❑ 钢锯。

❑ 锉刀。

❑ 轮胎杠杆。

❑ 辐条扳手。

❑ 标准扳手。

❑ 螺丝刀（最好是电动的）。

❑ 铰刀。

制作斯坦尼康稳定器

想要建造一个斯坦尼康稳定器，请按照如下步骤操作。

1. 如果自行车轮上有轮胎的话，将轮胎取下来。

2. 拧下螺丝钉，并且将它拿出来，保存好——你在后面会用到。

高级技术达人

使用废料或者管子制作你自己的万向节

万向节是 DIY 斯坦尼康稳定器中最昂贵的部件，并且你可能会不想支付过高的价格——尤其是当你可以购买一个便宜的斯坦尼康稳定器（它也是包括万向节的），而不是以 3 倍或者 4 倍的价格购买的时候。

如果是这样的话，你可以像如下所示的设计一样制作你自己的万向节。

正如你所看到的，你所需要的就是 3 个金属或者塑料的圆环，它们的尺寸要使彼此之间能够适合，你还需要一个螺栓来稳固它们。因为你不会将很重的重量放在万向节上，所以圆环可以是轻质材料的——例如瓶子盖或者塑料管。使用两个螺栓将最小的环安装在中等环的上部和下部，这样它就可以自由地转动了，然后再使用两个螺栓将中等环安装到更大一点的环的左右两边，这样它就可以自由地在不同的方向之间转动了。

3. 拆下螺丝钉安装槽并且保存好。

4. 去除辐条两端的防护条，辐条连接到车轮边缘。

5. 撤除每一根辐条并且拆卸掉枢纽。

> 使用辐条扳手通过转动其扣件来撤销每一根辐条，直到辐条自己脱离扣件顶端的螺旋槽。然后用一个螺丝刀来松动扣件。使用电动的螺丝刀将会为你节省时间和精力。为了防止枢纽悬空，在每一边留下一根连接的辐条——东、南、西、北，直到你已经拆除了所有其他的辐条。

6. 将边缘锯成两部分。

> 看一下车轮边缘的连接口，并且看看你能否将它拽开。有些轮辋是很容易分开的，但是其他的可能被连接得非常紧，以至于将它们锯开反而会更容易一点。

▢ 你将用来建造斯坦尼康稳定器的那一部分需要在圆的一半以上，这样才会有一些重叠的地方用来在顶部安装照相机以及在底部添加重量。

▢ 通常情况下，你将至少需要一个圆环的 360 度中的 210 度——足够做成一个 C 形的大小（见下图）。

▢ 你或者可以用眼睛来测量——它不必十分准确——或者通过计算辐条孔数的方法测量。如果你要计算辐条孔数的话，将所有的辐条孔数乘以 0.58（小数表示的 21/36，或者 210/360）。例如，如果车轮有 48 个辐条孔的话，你将在更长的一部分需要 28 个辐条孔。如果车轮有 36 个辐条孔的话，你将在更大的一部分需要 21 个辐条孔。如果车轮有 24 个辐条孔的话，你将会在更大的一部分需要 14 个辐条孔。

> 在大多数轮辋上，辐条孔是在中心两侧交替排列的。这对于安装把手和添加重量是非常合适的，但是你将会发现更容易的是将三脚架头连接到气门嘴孔上，气门嘴孔就在轮辋的中间。所以当你切割的时候，可以将气门嘴孔保持在切割点的正前方，同时也在 C 字形的顶部。

▢ 如果有疑问的话，切下比你需要的更长一段。你可以很容易地将它切短。

7. 锉平切下轮辋的边缘。

8. 如果有必要的话，使用一个金属铰刀来将气门嘴孔扩大，这样就能凭借螺栓将三脚架头穿过它。

9. 使用一个螺栓将三脚架头连接到气门嘴孔上（见下图）。

10. 锉平一个辐条孔，这个辐条孔就在 C 字形顶部的三脚架头后面一点的位置上，这样螺丝钉的尾部就能穿过它了。

11. 将螺丝钉的一端连接到轮辋上的辐条孔中，这样，螺丝钉的主要部分就在 C 字形的内部了，如下图所示。

12. 将万向支架或者万向节连接到螺丝钉空着的一端。

13. 将螺栓（或者任何你用来作为把手的东西）连接到万向节上（见插图）。

14. 将配重附加到 C 字形的底部（见插图）。如果你使用一个重量板的话，将它安装得平一些，这样它就会成为斯坦尼康稳定器天然的底座。

将你的 iPhone 安装到三脚架支架上，并将它拧到三脚架头上。你现在已经拥有了一台斯坦尼康器械，它将在你移动中使用 iPhone 拍摄视频的时候起到保持稳定的作用。现在你已经准备好拍摄外景电影了。

项目 18：在你的 iPhone 上观察你的网络摄像头

当你离家在外的时候，如果你使用网络摄像头来监视家里发生的事情，你可以使你的 iPhone 上的网络摄像头来承担这一任务，无论你在哪里。

你也可以把 iPhone 变成一个网络摄像头，这样你就可以在网络中通过其他计算机进行监控。在本章末尾，我们将来看一看如何做到这些。

决定要获取哪些软件

想要在你的 iPhone 上查看你的 PC 或者 Mac 的网络摄像头，你需要两个应用程序。

❏ PC 或者 Mac 应用程序。在你的 PC 或者 Mac 上，你可以运行一个应用程序来分流视频信号输出，分流将通过你的本地网络或者互联网传输到你的 iPhone 能接收到的地方。

❏ iPhone 应用程序。在你的 iPhone 上，你运行一个应用程序来连接到你的 PC 或者 Mac 提供的视频流，并且将图片显示给你。

在本节中，我们来看一款应用程序：Air Cam Live Video，它配套有适合 Windows 系统和 Mac 的软件。完整版本的 Air Cam Live Video 需要花费 7.99 美元，但是有一个免费的版本，叫作 Air Cam Live Video（精简版），你可能会想要先试一下这个免费版本。

 如果你只需要查看一个连接到 Windows 系统的计算机上的网络摄像头，你也可以看一下 JumiCam。首先试一下精简版的 JumiCam，它是免费的，但是受限于你的本地网络，看一下它是否能满足你的需要。如果你需要其他功能的话，例如，通过互联网来达到监视你的网络摄像头的目的，你可以升级到 JumiCam Pro（7.99 美元）。

获取软件，并在你的 PC 或者 Mac 上设置软件

首先，下载并安装需要的桌面软件：用于 Windows 系统的 Air Cam Live Video 或者用于 Mac 的 Air Cam。

为你的 PC 或者 Mac 下载软件

打开你的网络浏览器，转到 Senstic 网站上的专为 iOS 的 Air Cam Live Video 页面（www.senstic.com/iphone/aircam/aircam.aspx）。然后视情况选择单击下载 Windows XP/Vista/7 版本的 Air Cam Live Video 链接或者下载 Mac OS X 版本的 Air Cam Live Video 链接。

安装并运行 Windows 版本的 Air Cam Live Video 程序

在下载 AirCamSetup.msi 文件的时候，选择运行程序选项（或者保存并运行程序，视你的浏览器情况而定）。当 Air Cam 安装向导运行的时候，按照其提示进行操作。你将需要安装一些编解码器（编码/解码软件），除非你的计算机上已经有这些程序了，所以安装过程有很多步骤，并且安装的时候你也需要做出一些决定。

下面是安装过程中的关键点。

❏ 在你运行安装程序之前关闭 Internet 浏览器。

❏ "选择安装文件夹"窗口让你可以选择将 Air Cam 安装到一个另外的文件夹中，而不是默认文件夹（在你的 Program Files 文件夹里面的一个 Senstic\Air Cam\文件夹），但通常情况下，坚持使用默认文件夹是很安全的。

❏ 在 Windows 7 系统或者 Windows Vista 系统中，你将需要在用户账户控制对话框中单击"是"按钮（见下图），以便于继续安装程序。确保用户账户控制对话框给出的程序名称是 Air Cam 安装程序。

❏ 当安装程序显示附加软件包对话框（见下图）的时候，单击"Get K-Lite"按钮来打开一个浏览器窗口，转到提供 K-Lite 编解码器软件包的一个网址。按照链接下载 K-Lite 软件包并且安装。在这个时候，Air Cam 安装程序还在运行中，但是它是在后台运行。

 在下载 K-Lite 解码包的时候，确定点击的是正确的链接。网页上可能包含了一些其他软件的"尝试下载"按钮，这些软件是网页服务器想要你去尝试的。

❑ 当 Setup-K-Lite 解码包运行的时候，你会看见另外一个用户账户控制对话框，这一次是 K-Lite 解码包的。你将需要在这个对话框中单击"是"按钮来继续运行安装程序。

❑ 在 Setup-K-Lite 解码包安装程序的初始窗口上（见下图），单击"简单模式"选项按钮。单击"下一步"按钮，并且浏览一下下面几个配置窗口。你可能会接受这里的默认设置。

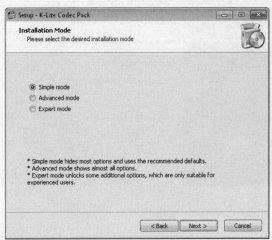

❑ 在 Setup-K-Lite 解码包安装程序的"其他选项"窗口上（见下图），选择"不，谢谢。我不想要上述任何选项"复选框来防止安装程序用其他方式对你的计算机造成负担，这些方式有添加 StartNow 工具栏，将你的主页面设置为 StartNow，以及将雅虎设置为你的默认搜索引擎。

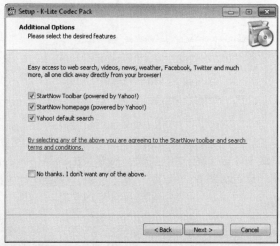

☐ 当你运行到"准备好进行安装"窗口，单击"安装"按钮。

☐ 当"完成"窗口（见下图）出现的时候，确保所有的复选框都是未被选中的，然后单击"完成"按钮。Setup-K-Lite 解码包安装程序就会关闭。

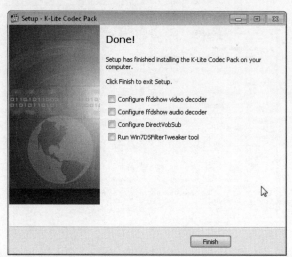

☐ 返回到附加软件包对话框，单击"安装 Bonjour"按钮来安装苹果的 Bonjour 网络协议。然后，Bonjour 打印服务安装程序就会启动并显示其欢迎窗口（见下图）。单击"下一步"按钮，并且同意许可，以及阅读有关 Bonjour 信息。

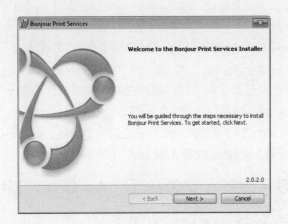

 　　如果附加软件包对话框中的"安装 Boujour"按钮是灰色的并且不可用时，那就是你的计算机已经安装了 Windows 版本的 Boujour，所以你不需要再安装它。单击"退出"按钮来关闭附加软件包对话框。

　　❏ 在"安装选项"窗口（见下图）上，清除"创建 Boujour 打印机向导桌面快捷方式"复选框，除非你想在你的桌面上创建一个 Boujour 打印机向导的桌面快捷方式。如果你不想苹果软件更新服务自动检查更新，清除"自动更新 Boujour 打印机服务以及其他苹果软件"复选框。（你可能更喜欢在合适的时间手动检查。）然后单击"安装"按钮。

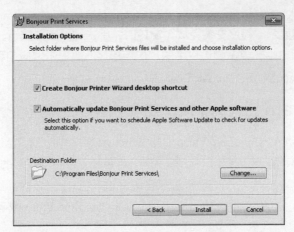

　　❏ 当 Boujour 打印机服务安装程序的"恭喜"窗口出现的时候，单击"完成"按钮。

　　❏ 在这个时候，你会再一次看见 Air Cam 安装程序窗口。单击"关闭"按钮，现在，你终于完成了安装过程。

在安装完 Air Cam Live Video 以后，通过选择"开始｜所有程序｜Senstic｜Air Cam｜Air Cam Live Video"来运行程序。

如果 Windows 系统显示一个"用户账户控制"对话框，检查一下程序的名称是不是 Windows 版本的 Air Cam，然后单击"是"按钮。

现在，你可以输入你的访问信息，并且配置网络摄像头，这部分内容将在本项目稍后的章节"配置 Air Cam Live Video 或者 Air Cam"中介绍。

在 Mac OS X 系统上安装并运行 Air Cam 应用程序

在下载完 Mac OS X 版本的 Air Cam 应用程序以后，按照如下方式安装。

1. 单击底座上的"下载"图标来显示一个栈，它是用来显示你的已下载文件的，然后单击 Air Cam.pkg.zip 文件。Mac OS X 系统会解压缩文件并且显示一个 Finder 窗口，用来显示包含被选中 Air Cam.pkg.zip 文件的下载文件夹。

2. 双击 Air Cam.pkg.zip 文件来打开 Mac 版本的 Air Cam 安装程序。

3. 单击"继续"按钮来显示"安装类型"窗口。在这里，如果你想阻止安装程序安装 AirCamLauncher 应用程序，你可以单击"自定义"按钮来显示"自定义"窗口，但是通常情况下，你最好还是进行标准安装。

4. 单击"安装"按钮来运行安装程序，然后在"验证"对话框中输入你的密码（或者一个管理员的密码）。

5. 当安装程序显示"程序安装完成"窗口时，单击"关闭"按钮。

6. 在 Finder 窗口中，单击侧边栏中的"应用程序"来显示"应用程序"文件夹。

7. 双击 Air Cam 图标来打开 Air Cam。

配置 Air Cam Live Video 或者 Air Cam

当你第一次启动 Air Cam Live Video（在 Windows 系统中）或者 Air Cam（在 Mac 上）的时候，程序会显示输入访问信息对话框。这个对话框（下图中显示的是 Mac 版本出现的对话框）会提示你输入一个电子邮件地址和密码来进入另外一台计算机上的 Air Cam Live Video 或者 Air Cam。这就是你从 iPhone 上访问 Air Cam Live Video 或者 Air Cam 所需要的过程。

在电子邮件框中输入一个格式同电子邮件地址的文本——你不需要输入一个真的电子邮件地址，并且你可能出于安全原因考虑不喜欢输入一个真实的电子邮件地址。例如，输入 notmyname@example.com。

然后单击密码框并且输入密码，你将使用这个密码将你的 iPhone 连接到 Air Cam Live Video 或者 Air Cam 上。设置一个高级强度的密码——至少 6 个字符；包括大写和小写字母；包括至少一个数字和至少一个符号，而不是任何语言中的真实词汇。

单击"完成"按钮（在 Windows 中）或者"设置"按钮（在 Mac 上）来关闭输入访问信息对话框。然后，你将会看到 Air Cam Live Video 窗口（在 Windows 系统中）或者 Air Cam 窗口（在 Mac 上）。图 2-21 中左边的窗口显示了 Air Cam Live Video 窗口；图 2-21 中右侧的窗口显示了 Air Cam 窗口。

图 2-21 Air Cam Live Video 窗口（左侧）显示了你的 PC 上的网络摄像头看到的内容，
Air Cam 窗口（右侧）显示了你的 Mac 上的网络摄像头的视图

对准摄像头（或者计算机，如果网络摄像头是内置的话），这样图片就会显示你想要观察的画面。然后单击"选项"按钮来显示 Air Cam 选项对话框。在这个对话框中的第 6 个窗口上，你可以设置 Air Cam Live Video 按照你喜欢的方式工作。

❑ 网络摄像头。这个窗口（见下图）显示了你想要设置的选项（至少是验证）来使 Air Cam Live Video 正确地工作：你可以设置分辨率、水平或者垂直地翻转摄像头图片、打开窗口上的时间标签或者相机的名称、打开夜视模式（在光线较暗情况下使用）。

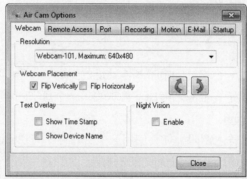

❑ 远程访问。在这个窗口上，你可以改变你用来远程访问的电子邮件地址和密码。你还可以使用通用即插即用自动配置功能设置端口转发。

❑ 端口。在这个窗口上，你可以改变默认的 TCP 监听端口。标准设置端口是 1726 接口。

❑ 记录。在这个窗口上，你可以选择 Air Cam Live Video 保存录制的视频文件的文件夹。（一旦你将 iPhone 连接上了，你可以在上面启动和停止录制。）

❑ 运动。在这个窗口上，你可以配置运动检测设置。你可以通过单击"低"选项按钮、"中"选项按钮或者"高"选项按钮来调节灵敏度水平。你可以选择 Air Cam Live Video 在检测到运动的时候怎么做：向你发送一个电子邮件，发送给你一个推送通知，或者自动开始录制。

❑ 电子邮件。在这个窗口上，你可以设置 Air Cam Live Video 发送通知的电子邮件账户。

❑ 启动。在这个窗口（只适用于 Windows 系统）上，你可以选择在启动的时候自动运行 Air Cam Live Video，并且你可以使 Air Cam Live Video 在隐藏模式下启动（这样你在通知区域只能看见一个图标而不是一个显示网络摄像头正在观察内容的窗口）。

当你在 Air Cam 选项对话框中完成选择选项以后，单击"关闭"按钮。Air Cam Live Video 现在正在运行，并且你可以从你的 iPhone 上连接它，这部分内容会在本节后面的内容中描述。

在你的 iPhone 上获得并设置 Air Cam Live Video

现在，你已经获得了正在你的 PC 或者 Mac 上运行的 Air Cam Live Video，下一步就是在你的 iPhone 上安装 Air Cam Live Video，并且设置它连接到你的 PC 或者 Mac 上。

高级技术达人
让你的网络路由器从你的 iPhone 传递请求到你 Air Cam 上

想要通过互联网将你的 iPhone 上的 Air Cam 连接到 Air Cam Live Video（在 Windows 系统上）或者 Air Cam（在 Mac 上），你要设置你的网络路由器传入 Air Cam 到你的计算机或者 Mac 的请求。想要完成这一点，你设置路由器在适当的端口转发流量。默认的端口是 TCP 端口 1726。

如果你的路由器支持通用即插即用（UPnP）标准，你可以通过单击 Air Cam 选项对话框中的远程访问窗口上的"自动配置（UPnP）"按钮来自动地做到这一点。很多网络路由器都支持通用即插即用，所以你首先很可能先要试试这种方法。

如果这种方法不起作用的话，进入你的路由器配置窗口，并且确保通用即插即用是打开的，然后再试一次。你可能发现作为一种安全措施，通用即插即用是关闭的。（或者可能是你自己把它给关闭了。）

如果你的网络路由器不支持通用即插即用，或者它支持但你更喜欢让通用即插即用保持关闭，你可以自己设置端口转发。进入你的路由器的配置窗口，找到端口转发（或者端口重定向）的窗口，并设置一个规则来转发 TCP 端口 1726 到你的计算机或者 Mac 上。为了达到最佳效果，你可能需要给你的计算机或者 Mac 一个固定的 IP 地址而不是让你的网络路由器通过 DHCP 分配一个地址。

激活 iTunes 窗口，然后在左侧源列表中双击"iTunes 商店"项目来打开一个显示 iTunes 商店的窗口。在搜索框中输入 Air Cam，按下确定或者回车，然后单击适当的搜索结果。在应用程序页面上，单击按钮来下载免费的精简版，或者单击"购买"按钮来购买完整版。

 如果你喜欢的话，你可以在 iPhone 上使用 iTunes 商店获得 Air Cam。

在 iTunes 下载完应用程序以后，同步你的 iPhone 来安装它。根据你的同步设置，你可能需要在 iTunes 中的应用程序窗口上选择应用程序的复选框来将它安装到 iPhone 上。

在安装完 Air Cam 以后，点击主窗口上它的图标来运行它。如果 Air Cam 显示了"请关闭蓝牙"对话框（见下图），看一下窗口顶部右侧的状态栏中，蓝牙图标是否出现。在撰写本文的时候，不管蓝牙是否开启，Air Cam 都会显示"请关闭蓝牙"对话框，而不仅仅只是当蓝牙开启的时候（如你所料）。

如果蓝牙图标出现在状态栏中，请按照如下步骤关闭蓝牙。

1. 按下主键，显示主窗口。
2. 点击"设置"图标，显示"设置"窗口。
3. 下滑到第三个框。
4. 点击"通用"按钮，显示"通用"窗口。
5. 点击"蓝牙"按钮，显示"蓝牙"窗口。
6. 点击蓝牙开关，并将它移动到关闭位置。
7. 点击"通用"按钮，返回到"通用"窗口。
8. 点击"设置"按钮，返回到"设置"窗口。

现在，快速地连续两次按下主键来显示应用程序切换栏，并点击上面的"Air Cam"按钮，切换回 Air Cam。在请关闭蓝牙对话框中点击"完成"按钮。

将你的 iPhone 连接到网络摄像头

接下来，你会看见"连接"窗口（见图 2-22 左侧），它列出了你可以连接的网络摄像头。

点击你想要查看的网络摄像头。如果这个网络摄像头有密码的话（通常情况是这样的），Air Cam 显示了"身份验证"窗口（见图 2-22 右侧），提示你输入。

图 2-22 在"连接"窗口（左侧）上，点击你想要连接的网络摄像头，如果 Air Cam 显示了
"身份验证"窗口（右侧），输入密码并且点击"继续"按钮

　　输入密码，然后将"记住它"开关适当地移动到开启位置或者关闭位置。保存密码会使将来访问网络摄像头更加快捷，所以你很可能会想保存它，除非这样做有太多的安全风险。

　　点击键盘右下角的"继续"按钮来连接到网络摄像头。它的图像会出现在窗口上（见图 2-23）。在人像方面，你可以使用控制来改变 Air Cam 的设置，调整画面，拍摄快照和进行录制，并且同步音频和视频。

- 设置。点击这个按钮来显示"设置"窗口，它将提供给你访问 Air Cam 选项。
- 快照。点击这个按钮来拍摄一张窗口的快照。
- 远程录像。点击这个按钮来开始录制一段视频。
- 源选择。点击这个按钮来改变视频源。
- 音量控制。点击这个按钮使用窗口右侧出现的滑块来调节音量。
- 帧速率。点击这个按钮使用窗口右侧出现的滑块来调节帧速率。
- 音频/视频同步控制。点击这个按钮使用窗口右侧出现的滑块来调节音频/视频同步。

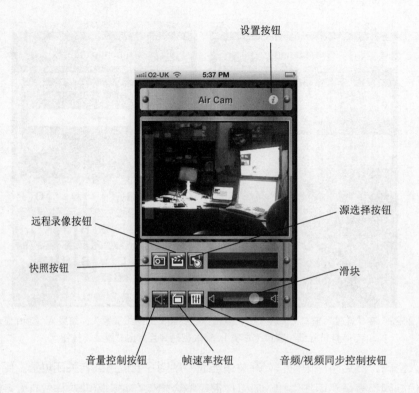

设置按钮

远程录像按钮

源选择按钮

快照按钮

滑块

音量控制按钮　　帧速率按钮　　音频/视频同步控制按钮

图 2-23　在人像图像中，你可以使用 Air Cam 的按钮来配置应用程序本身，
以及它接收到的视频和音频

　　在你的 iPhone 上，Air Cam 很容易控制，但是它似乎缺少一个关闭连接到你正在查看的网络摄像头的命令。你可以按下主键来显示主窗口，但是 Air Cam 仍然在后台运行。所以，想要关闭应用程序，你需要像下面这样强制退出 Air Cam。

　　1.　按下主键来显示主屏幕。

　　2.　快速地连续两次按下主键来显示应用程序切换栏。

　　3.　点击并持续按住 Air Cam 按钮，直到一个包含-符号的红圈出现在应用程序切换栏中的每一个应用程序图标的左上角。

　　4.　点击 Air Cam 上的-按钮来关闭应用程序。

高级技术达人

把你的 iPhone 变成一个网络摄像头

正如你所知道的，你的 iPhone 拥有两个而不是一个内置视频摄像头，还有一个无线网络接口。因此，如果你需要的话，它自己完全具备了充当网络摄像头的功能。

如果你在任何时候都随身携带你的 iPhone 的话，你可以用它来播放你正在做什么，这样别人在网页浏览器上就可以看见了。如果你不介意将你的 iPhone 放置在其他地方一段时间，你可以用它来保持监视那里发生了些什么事。例如，你可以将你的 iPhone 作为一个婴儿监视器，检查你的狗在你外出的时候在干什么，或者你也可以操纵你的 iPhone 保持监视你的工作桌，看一下是谁拿走了你的甜甜圈。

你可以在你的本地网络或者互联网上广播，并且使用几乎所有的网页浏览器都可以点击进入。

想要使你的 iPhone 成为一个网络摄像头，那就从苹果商店获取一个网络摄像头应用程序——移动 IP 摄像头（2.99 美元）。启动应用程序，你就会看见预览画面，它显示了后置摄像头正在捕捉的画面（见下图左侧）。

接下来，点击底部的"选项"按钮来显示选项窗口（见上图右侧）。在这里，你可以设置摄像头。

❑ 摄像头。点击"后面"按钮或者"前面"按钮来切换摄像头。

◘ 图片大小。沿着小-中-大规模拖动滑块来设置你想要的图片大小。大尺寸的图片在本地网络中效果很好，但是如果你正在通过互联网监视的话，你通常要使用中等大小。

◘ 图像质量。沿着低-高规模拖动滑块来设置图像质量。

◘ 4:3 裁切。如果你想将图片裁切为 4:3 的横纵比，那就将这个开关移动到开启位置。如果你想看到 iPhone 的图片是整齐的，那就将这个开关移动到关闭位置。

◘ 时间戳。如果你想看见在 iPhone 的图片上叠加有日期和时间的话，那就将这个开关移动到开启位置。

◘ 监听端口。如果需要的话，将该文本框中的数值从默认值（80）改为一个不同的端口数值。在你通过一个路由器使用互联网访问你的 iPhone 的时候，你可能需要使用一个不同的端口。

◘ 安全性。如果你想要保护连接，在登录框中输入登录名，在密码框中输入密码。

◘ 音频。如果你在接收 iPhone 的图片的同时还想接收音频的话，将这个开关移动到开启位置。获取音频会增加传输的数据量，但是这对于知道正在发生什么有很大的帮助。

当你完成在选项窗口的选择设置以后，点击窗口底部的"高级"按钮来显示高级窗口。这个窗口上包含了 3 个项目。

◘ 外部 IP。这个输出显示了你的网络正在使用的外部 IP。这个地址就是你用来从你的网络之外通过互联网连接到你的 iPhone 的地址。你可能需要在你的互联网路由器上改变设置来使计算机通过互联网能访问到你的 iPhone。

◘ 动态 DNS 更新。如果你的互联网服务供应商使用的是一个动态 IP 地址，而不是静态的 IP 地址，在它改变的时候，你可以使用动态 DNS 服务或者无 IP 服务来提供 IP 地址。想要使用动态 DNS，将这个开关移动到开启位置。在当开关移动到开启位置时出现的控制器上，适当地选择点击动态 DNS 标签或者无 IP 标签，然后填写相应的字段。

◘ 自动端口转发。想要使用自动端口转发，将这个开关移动到开启位置。自动端口转发会让 ipCam 告诉你的互联网路由器将来自于互联网的 ipCam 的输入请求发送到哪里。想要使用自动端口转发，你的互联网路由器必须支持通用即插即用（UPnP）或者 NAT-PMP。

当你设置你的 iPhone 进行监视的时候，打开一个网页浏览器，并且转到显示在 ipCam 窗口底部的 IP 地址。你将会看见控制窗口（见下图左侧）。

在网页浏览器中的链接区域，点击 JPEG 视频链接，你将会看见一个来自 iPhone 的视频提要，如图右侧所示。在网页浏览器中的链接区域，单击 MJPEG 视频链接，你将可以得到一个视频提要以及音频提要。想要使用音频的话，你将需要将选项窗口上的音频开关设置为开启位置。

如果你发现图片有些暗的话，单击闪光灯链接区域中的"打开闪光灯链接"来打开闪光灯。

在使用 ipCam 的时候，你通常需要将你的 iPhone 插入 USB 电源适配器，以确保你不会把电池耗光。如果你计划使用闪光灯的话，给 iPhone 提供电源更是十分重要的。

第 3 章

将 iPhone 作为你的主计算机

直到目前为止，你已经非常需要一台全尺寸计算机——PC 或者 Mac，台式机或者笔记本电脑——来认真完成计算。但是，现在你的 iPhone 是如此强大，如此有能力，所以你可以给它配备功能和应用程序，这样你就可以将它作为你的主计算机了。

本章将告诉你想要把你的 iPhone 变成你的主计算机需要做的步骤。我们将以快速输入文本和准确使用窗口上的键盘的高级技巧开始，这里隐藏着很多大多数人都会忽略的秘密。然后，为了获得最快速的文本输入，我们将把一个蓝牙键盘连接到你的 iPhone 上。这将把你成功带到下一个话题：如何在你的 iPhone 上创建办公文档——Word 文档、Excel 电子表格、PowerPoint 演示文稿以及 PDF 文件。

在这之后，我将会告诉你如何使你的 iPhone 成为计算机的移动存储设备，然后再成为本地网络的文件服务器。这些步骤将会让你无论走到哪里都可以随身携带重要文件，还可以让你从任何正在使用的计算机上面访问它们。

在本章结尾部分，你将学习如何使用电子邮件应用程序应用高级电子邮件技能以及如何从你的 iPhone 上直接传输演示文稿。

让我们开始吧。

项目 19：学习快速而正确地输入文本的专业技巧

全尺寸计算机的拥护者可能会不屑于 iPhone 屏幕上的键盘，但是你可以使用它快速而准确地输入文本——只要你知道它的秘密。在 iPhone 4S 上，你还可以使用 Siri 听写文本。

乍看之下，你的 iPhone 的窗口上的键盘几乎不可能很简单地使用：

- 点击你想要输入的字母。
- 点击"Shift"按钮来获得一个大写字母。
- 点击".?123"按钮来显示包含数字和常用符号的键盘。

❏ 在数字和常用符号键盘上，点击"#+="按钮来显示包含括号、双括号、漫画咒骂语字符（#%^&!）等符号的键盘。

❏ 当你再一次需要输入字母的时候，点击"ABC"按钮。

但是窗口上的键盘也有一堆隐藏的技巧，它们可以为你节省点击、时间以及麻烦，请继续阅读。

输入重音或者备选字符

点击并按住基本字符，直到出现一个弹出面板，然后点击你想要的字符。例如，点击并按住 E，直到如下图所示的面板出现；然后点击需要的字符。

输入一个连接符（–）或者一个破折号（—）

点击并按住连字符键，然后在弹出的面板上点击一个连接符（-）或者一个破折号（—）。一个连接符是一个单英文字符宽度的符号，而一个—是一个双英文字符宽度的符号，这明显是更宽一点的。

从弹出面板上，你也可以输入一个小圆点而不用转到"#+="窗口再去输入。

快速输入一个句号

想要快速输入一个句号，快速地连续两次点击空格键。

如果这不起作用的话，你需要打开此项功能。参见接下来的"打开所有的自动校正功能"一节。

输入其他域名而不是.com

当你使用 Safari 浏览器的时候，窗口键盘上有一个".com"按钮，你可以点击它轻松地输入.com 域名。想要输入其他广泛使用的域名，点击并按住".com"键，然后在弹出面板上点击相应的域名（见下图）。

输入一个电子邮件地址的域名

想要输入一个电子邮件地址的域名，点击并按住"."（句号）键，然后在弹出面板上点击相应的域名（见下图）。

输入标点符号并且直接返回到字符键盘

通常情况下，你可能需要输入一个单一的标点符号字符，然后再返回输入字符。想要做到这一点的话，点击".?123"按钮，但是不要将你的手指离开窗口。将你的手指滑过标点符号键，然后再让你的手指离开窗口。iPhone 会输入这个字符并再一次显示字符窗口。

持续输入，并且让自动校正修复你的打字错误

你的 iPhone 上的自动纠错功能（在接下来讨论）能整理出很多错别字。所以，如果你在输入一个单词的过程中发现你出现了拼写错误，你最好还是继续输入，并且接受自动校正（见下图），而不是返回去修改错字。

打开所有的自动纠错功能

iPhone 有很多自动纠错功能来帮助你快速而更加准确地输入文本。想要打开键盘窗口并且选择设置，请按照如下步骤操作。

1. 按下主键来显示主屏幕。

2. 点击"设置"图标来显示"设置"窗口。

3. 向下滑动到第三个框，就是以"通用"按钮开始的那一个框。

4. 点击"通用"按钮来显示"通用"窗口。

5. 向下滑动到第六个框，这个框以"日期和时间"按钮开头。

6. 点击"键盘"按钮来显示"键盘"窗口。下图中左边的窗口显示了键盘窗口的上半部分。右边显示了键盘窗口的下半部分。

7. 如果你想让你的 iPhone 将每一个新句子或者一个新的段落的第一个单词自动大写的话，将"自动大写"开关设置为开启位置。

8. 如果你想使用自动更正和文本快捷方式，就将"自动校正"开关设置为开启位置，这些通常都是很有帮助的。

9. 如果你想要你的 iPhone 检查你的拼写和查询明显拼写错误的单词，那就将"检查拼写"开关设置为开启状态。

10. 如果你想通过双击切换键就能够打开大写锁定，那就将"启用大写锁定"开关设置为开启状态。这通常是很有用的，除非你发现自己偶然地打开了大写锁定。

11. 如果你想如本节前面描述的那样通过双击空格键就能够输入一个句号，那就将"'.'快捷键"开关设置为开启位置。这个快捷键通常是很有帮助的。

12. 保持键盘是可见的，这样你就可以像接下来将要描述的一样设置文本快捷键。

创建文本快捷键

如果你使用过 Microsoft Word 或者其他文字处理器，你就会非常熟悉自动更正功能，它能够自动修复拼写错误以及扩展你已经定义的快捷短语（例如，将 myadd 这个词扩展为你的详细通信地址）。你的 iPhone 也有一个类似的功能，并且你可以通过如下这样设置快捷键来提高你的输入速度。

1. 像前面列表中说明的那样显示键盘窗口。

2. 在窗口的底部，点击"添加新的短语"按钮来显示用户词典窗口（见下图）。

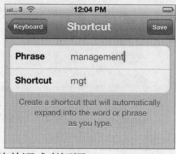

3. 在短语框中输入替换的单词或者短语。

4. 在输入码框中输入快捷键。

5. 点击"存储"按钮。

6. 对于每一个你想要创建的短语，重复第 2 步到第 5 步。

7. 当你完成创建快捷短语和选择键盘设置的操作以后，点击"键盘"按钮来返回到"键盘"窗口。

高级技术达人
将你的内容听写给 Siri

我非常确定你知道 Siri 是一个非常好的，在你的 iPhone 上快速而准确地输入文本的方法。通过使用 Siri 认识的词语，你可以极大地提高你的速度和准确性。

　　想要向 Siri 听写文本，你只需要在记事本、电子邮件信息或者其他你正在书写的文件中放置插入点，召唤 Siri 话筒，然后说出你想要 Siri 为你记下的单词。当你停止说话的时候，Siri 会处理你的输入信息，然后写下苹果数据中心服务器已经理解的文本。

　　想要插入标点符号，只需要在文本流中说出标点符号即可。你不需要提醒 Siri 你准备使用一个标点符号。下面这些标点符号是你可以使用的。

- "句点"或者"句号"
- "逗号"
- "分号"
- "冒号"
- "惊叹号"或者"感叹号"
- "倒感叹号"
- "问号"
- "倒问号"

- "连字符"
- "破折号"或者"横短线"(-)
- "破折号"(—)
- "下划线"
- "左括弧"和"右括弧"
- "左方括号"和"右方括号"
- "连字号"
- "星号"

下面是一列你可以告诉 Siri 输入的符号。

- "At 符号"
- "版权符号"
- "注册符号"
- "英镑符号"或者"散列符号"(#)
- "美元符号"
- "分符号"
- "欧元符号"(€)
- "英镑符号"(£)

- "日元符号"(¥)
- "百分号"
- "大于号"和"小于号"

- "斜杠"和"反斜杠"
- "竖线"(|)
- "脱字符号"(^)

想要告诉 Siri 如何规定格式和布置文本，使用下面这些命令。

- "新行"它能提供一个单独一行，在段落之间没有空行。
- "新段"它能提供两行，所以在段落之间你会得到一个空行。
- "大写"这能够让 Siri 对于接下来的单词的首字母应用大写。例如，"大写 cheeese"会产生"Cheese"。
- "小写"这能够防止 Siri 对一个单词应用首字母大写，而且你会得到正常的单词。例如，"小写 Russian"会产生"russian"。
- "大写开启"和"大写关闭"。"大写开启"会打开 Caps Lock 键，使每一个你听写的单词都是大写的，直到你说出"大写关闭"。

☐ "小写开启"和"小写关闭"。"小写开启"会关闭大写，使所有你听写的内容都是小写的，直到你说出"小写关闭"，在这之后，正常的大写就会恢复了。

☐ "左引号"和"右引号"。例如，"左引号大写 hello 感叹号右引号 she said 句点"会输出"Hello！"she said.

☐ "空格键"会强迫 Siri 在单词之间放置一个空格，否则它就会在中间放置一个连字符。例如，"up 空格键 to 空格键 date"会输出 up to date（而不是 up-to-date）。

☐ "没有空格"这将会阻止 Siri 在单词之间插入空格。例如，如果你需要输入产品的名称 BovineEmulator，你可以说"'大写'bovine'没有空格''大写'emulator"你也可以说"开启没有空格"来打开没有空格功能直到你说出"关闭没有空格"来再一次关闭它。

☐ "句点"。这将会在两个单词之间放置一个句点——例如，"Amazon 句点 com"会输出"Amazon.com"。

☐ "点"。这将会在数字之间放置一个点——例如，"2 点 5 倍可能会成功"会输出"2.5倍可能会成功"。

最后，你也可以通过说"笑脸"、"愁眉苦脸"以及"眨眼"等输入最常见的表情。

项目 20：将一个蓝牙键盘连接到 iPhone 上

iPhone 的窗口键盘已经是苹果所能做到最好的了，并且 Siri 的听写功能在书写备忘录、笔记、电子邮件以及文本信息的时候会很有帮助，而且不需要让你动手操作。

但是当你需要在你的 iPhone 上输入大量文本的时候，没有任何东西可以替代一个硬件键盘。通过连接一个蓝牙键盘，你能够在任何需要的应用程序——电子邮件、笔记、iWork 应用程序、Documents To Go 软件以及任何其他软件上以最快的速度输入文本。

 如果你喜欢苹果的产品的话，毫无疑问，你会关注 iPad，也可能看见过苹果的 iPad 键盘底座配件，它能通过底座连接口连接一个硬件键盘。你可能会想知道 iPad 键盘底座是否也适用于 iPhone，这样在你工作的时候就会很方便地将 iPhone 安装在键盘上。但是，这个配件并不支持 iPhone。你需要使用一个蓝牙键盘来替代它。

在你将蓝牙键盘连接到你的 iPhone 上之前，你必须做两件事情：

❑ 打开蓝牙。为了省电，你的 iPhone 会保持关闭直到你需要它的时候。

❑ 匹配你的键盘和 iPhone。匹配是一个一次性的过程，它能将键盘连接到你的 iPhone，并且可以设置它们来共同工作。匹配有助于确保只有经授权的蓝牙设备才能连接到你的 iPhone 上。

打开蓝牙

想要打开设置应用程序中的蓝牙窗口并且打开蓝牙，请按照如下步骤操作。

1. 点击设置窗口上的"通用"按钮来显示通用窗口。

2. 点击"蓝牙"按钮来显示蓝牙窗口（见图 3-1 左侧，其中蓝牙已打开）。

3. 点击蓝牙开关，并将它移动到开启状态。

匹配蓝牙键盘

想要匹配你的蓝牙键盘，请按照如下步骤操作。

1. 打开蓝牙，如前面描述的那样。

2. 将蓝牙键盘设置成匹配模式。你如何做到这一点取决于键盘，但是它通常有一个神奇的电源按钮——例如，按住电源按钮直到红色和蓝色的指示灯开始闪烁。

图 3-1　在设置应用程序中的蓝牙窗口上（左图），点击蓝牙开关并将它移动到开启状态，然后，你的 iPhone 会以匹配模式检测附近的蓝牙设备（右图）

3. 当键盘的按钮出现在设备列表中的时候，它显示的是没有匹配（如图 3-1 右图所示），点击按钮来连接键盘。

4. 然后，iPhone 会提示你在键盘上输入一个匹配密码，（见图 3-2 左侧）。输入密码，然后按下确定或者回车，键盘就会和 iPhone 建立连接。

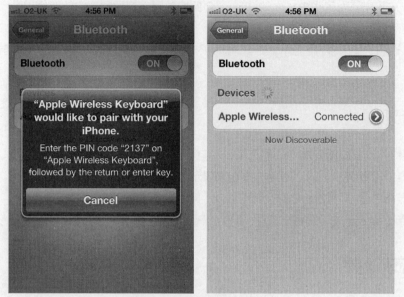

图 3-2　iPhone 提示你在蓝牙键盘上输入匹配密码（左图），在 iPhone 建立匹配以后，
它就会连接到蓝牙键盘上

　　在匹配完键盘以后，iPhone 会自动地连接它（见图 3-2 右侧），前提是你想使用你正在匹配的键盘。为了便于使用，按照接下来的章节"再次连接蓝牙键盘"中描述的那样来连接键盘。

断开蓝牙键盘的连接

　　想要从 iPhone 上断开蓝牙键盘的连接，请关闭键盘。然后，iPhone 就会在蓝牙窗口的设备列表中显示键盘未连接。

　　你也可以通过关闭你的 iPhone 上的蓝牙来断开连接键盘。

　　当你不使用蓝牙功能的时候，请将其关闭，以节省电源和延长 iPhone 的电池寿命。

再次连接蓝牙键盘

当匹配好你的蓝牙键盘以后，你可以通过将它移动到你的 iPhone 的蓝牙范围之内并开启它来快速地再次连接蓝牙键盘。只要你的 iPhone 的蓝牙是开启的，iPhone 就会连接到键盘上，几秒钟之内你就可以开始使用键盘了。

让 iPhone 忘记你的蓝牙键盘

当你不再需要在你的 iPhone 上使用蓝牙键盘的时候，你可以让你的 iPhone 忘记这个设备。请按照如下步骤操作。

1. 在蓝牙窗口上，点击键盘的"＞"按钮来显示键盘的控制窗口（见下图）。

2. 点击"忘记这个设备"按钮。你的 iPhone 会显示确认对话框。

3. 点击"忘记设备"按钮。你的 iPhone 就会忘记这个设备，然后再一次显示蓝牙窗口。

高级技术达人
为一个蓝牙键盘改变键盘布局

连接一个蓝牙键盘到你的 iPhone 上是一个快速输入文本的好方法。如果你在键盘上使用的是一个不同的布局，例如欧式布局或者优化 Dvorak 布局，你可以切换键盘来使用那种布局。

如果你需要使用一种不同的键盘布局，而不是你现在能获得的（无论是窗口键盘还是一个你连接的外置键盘），按照如下步骤来改变键盘布局。

1. 按下主键来显示主屏幕。

2. 点击"设置"图标来显示"设置"窗口。

3. 向下滑动到第三个框，就是以"通用"按钮开始的那一个框。

4. 点击"通用"按钮来显示"通用"窗口。

5. 向下滑动到第六个框，这个框是以"日期和时间"按钮开始的。

6. 点击"键盘"按钮来显示"键盘"窗口。

7. 点击"国际键盘"按钮来显示"键盘"窗口，见下图，图中添加了一个单独的键盘。

8. 点击顶部的按钮。这个按钮的名称取决于你正在使用的键盘——例如 English。键盘窗口出现。

9. 在软件键盘布局框中，点击你想要使用的窗口键盘布局——例如全键盘布局。

10. 在硬件键盘布局框中，点击你想要使用的外置键盘布局——例如 Dvorak。

11. 点击"键盘"按钮，返回到"键盘"窗口。

12. 点击"键盘"按钮，返回到"键盘"窗口。

从"键盘"窗口上，你也可以通过点击"添加新键盘"按钮来添加一个新的键盘。但是，如果你只是需要简单地改变你正在 iPhone 上使用的键盘，那么改变现有的，而不是添加另外一个键盘。

项目 21：创建并共享办公文档

如果你正在使用你的 iPhone 作为你的主计算机，你将可能需要在上面创建办公文档。在这个项目里，我将告诉你如何创建和编辑基本类型的商业文档——从重要的备忘录和电子表格直到引人注目的演示文稿以及专业的 PDF 文件等任何文件。

即使你在你的 iPhone 上创建了办公文档，你可能也并不想将它们保存在那里。所以，我将带你通过你能使用的不同方式来在 iPhone 和 PC 或者 Mac 之间共享文件。你可以使用 iTunes 的文件共享功能来回复制文件，将文件添加到电子邮件里，通过第三方应用程序传输文件，或者使用苹果的 <u>iWork.com</u> 网站共享文件。

　　你的 iPhone 的操作系统已经内置了主要文件类型，例如 PDF 文件、Word 文档（不管是.docx 格式还是.doc 格式）、Excel 工作簿（包括.xlsx 格式和.xls 格式）、PowerPoint 演示文稿（.pptx 格式和.ppt 格式两种），富文本格式（RTF）、纯文本和 HTML 的阅览器。各种应用程序可以访问这些阅览器——例如，如果你接收到一个附加在电子邮件信息里面的 Word 文稿，邮件可以在一个阅览器中打开文稿，这样你就可以看见它的内容了。但是你需要购买第三方应用程序来编辑这些类型的文件。

在你的 iPhone 上创建办公文档

在本节中，我们将快速看一下在 iPhone 上创建办公文档的主要应用程序：字处理文档、电子表格、演示文稿和 PDF 文件。

鉴于 Microsoft Office 不仅主导了办公文档的 Windows 市场，同时在 Mac 市场上也占有相当大的份额，它最可能是你需要用来创建你的 Word、Excel、PowerPoint 格式办公文件的工具——所以，我们将从这里开始。接下来，我们将讨论创建 Pages、Numbers 以及 Keynote 格式的文件，它们将用于苹果公司的 iWork 套件中的应用程序里。最后，我们来看一下如何创建 PDF 文件。

以 Microsoft Office 文件格式创建文档

想要在你的 iPhone 上以 Microsoft Office 文件格式创建文档，你有 4 个主要的选择。

❑ Documents To Go。最基本版本的 Documents To Go 可以创建 Word 文档、Excel 电子表格以及查看 PowerPoint 演示文稿和 iWork 文件。高级版本，高级 Documents To Go，添加了创建和编辑 PowerPoint 演示文稿功能。图 3-3 显示了 Documents To Go 打开（左图）一个 Word 文档，并在其中工作（右图）的窗口。

❑ Quickoffice。最基本版本的 Quickoffice 可以创建 Word 文档和 Excel 电子表格。Quickoffice Pro，还可以创建和编辑 PowerPoint 演示文稿。图 3-4 显示了 Quickoffice Pro 创建一个演示文稿（左图）以及一个电子表格（右图）。

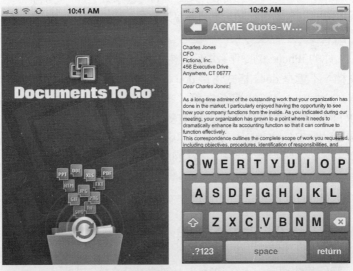

图 3-3　Documents To Go Premium 可以创建和编辑 Word 文档、Excel 电子表格以及 PowerPoint 演示文稿

图 3-4　Quickoffice Pro 可以创建 Word 文档、Excel 电子表格以及 PowerPoint 演示文稿

□ 谷歌文档。如果你有一个谷歌文档（http://docs.google.com）的账户，你可以在你的 iPhone 上使用 Safari 或者另外一个网页浏览器来登录它，然后在里面创建字处理文档、电子表格以及演示文稿。因为 iPhone 的窗口太小，所以界面有些拙劣，但是如果你的触摸很准确的话，这也是很可行的。图 3-5 显示了 iPhone 在谷歌文档中创建一个演示文稿。

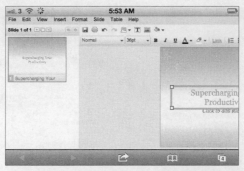

图 3-5　在谷歌文档中，你可以使用 Safari 或者另外一个网页浏览器来创建和编辑字处理文档、
电子表格或者演示文稿

❏ iWork。Pages、Numbers 以及 Keynote（在下一节中讨论）可以以相应的 Microsoft Office 格式导出文件。例如，从 Numbers 上，你可以以一个 Microsoft Excel 格式导出一个电子表格。想要了解详细信息，参见旁边的侧边栏"将你的 iWork 文件转换成 Microsoft Office 格式"。

Documents To Go 软件和 Quickoffice 软件是令人印象深刻的应用程序，但是在创建文档、电子表格以及演示文稿的时候，它们使你只能使用最普通的格式和对象（例如表和形状）。因为这些限制以及 iPhone 的窗口只提供了很小的一块地方来用于工作，你通常最好是在一台计算机上来完成你的文档，而不是在 iPhone 上。

以 iWork 文件格式创建文档

如果你需要在你的 iPhone 上以 iWork 文件格式来创建文档，没有比苹果的 iWork 应用程序更好的了。这些应用程序是 iPhone 版本的全尺寸 Mac OS X 系统应用程序。

❏ Pages。Pages 是一款用来创建字处理文档以及布局文档的应用程序。图 3-6 左侧显示了 Pages 正在一个文档里工作。

❏ Numbers。Numbers 是一款创建电子表格的应用程序。图 3-6 右侧显示了在 Numbers 中打开的一个电子表格。

❏ Keynote。Keynote 是一款用来创建和编辑演示文稿的应用程序。图 3-7 介绍了 Keynote。

图 3-6　使用 Pages 应用程序（左图）来在你的 iPhone 上创建和编辑字处理文档，或者使用
Numbers 应用程序（右图）来创建和编辑电子表格

图 3-7　使用 Keynote 应用程序来在你的 iPhone 上创建和编辑演示文稿，如果需要的话，
你可以以 Microsoft PowerPoint 格式导出演示文稿

高级技术达人
将你的 iWork 文件转换成 Microsoft 格式

3 个 iWork 应用程序——Pages、Numbers 以及 Keynote——很适合在 iPhone 上工作（甚至比在 iPad 上要好，因为它可以提供给你如此之多的窗口空间）。但是，如果你或者你的同事在你的计算机上使用 Microsoft Office 的话，你将需要将你所创建的 iWork 文件转换成它们的 Office 版本。想要转换文件，你要使用 iWork 应用程序中的共享和打印功能。

想要使用共享和打印功能来转换文件，请按照如下步骤在你的 iPhone 上操作。

1. 打开文档属于的应用程序。我将以 Pages 作为例子。

2. 如果应用程序打开了一个文档，而不是你想要转换的文档，点击窗口左上角的"文档"按钮、"电子表格"按钮或者"演示文稿"按钮来返回到"文件管理器"窗口。这个窗口上显示了文档文件夹、电子表格文件夹或者演示文稿文件夹中的内容。

3. 点击你想要转换的文档，应用程序就会自动打开文档。

4. 点击"工具"按钮（这个图标就是窗口右上角带有一个扳手的图标）来显示"工具"窗口（见下图左侧）。

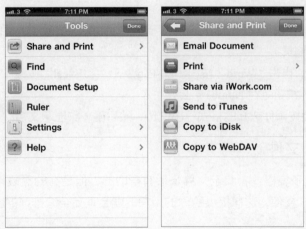

5. 点击"共享和打印"按钮来显示"共享和打印"窗口（见上图右侧）。

6. 适当地点击"电子邮件文档"按钮或者"发送到 iTunes"按钮。你的 iPhone 会显示一个选择文档格式的窗口。在下图中的左侧窗口显示了"电子邮件文档"窗口，当你选择用电子邮件发送一个文档的时候，这个窗口在 Pages 中会显示。在 Numbers 中用电子邮件发送电子表格，在 Keynote 中用电子邮件发送演示文稿以及"选择格式"窗口（想要发送到 iTunes）会提供相似的选择。

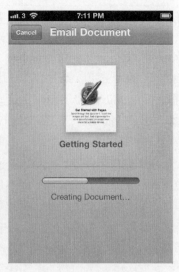

7. 选择导出文件要使用的格式。

❑ 本地格式。点击"Pages"按钮、"Numbers"按钮、"Keynote"按钮来保持文档的本地格式。

❑ PDF。点击"PDF"按钮来创建一个可移植的文档格式文件，以便能在任何计算机上查看（但是不包括编辑）。

❑ Office 格式。点击"Word"按钮（在 Pages 上）、"Excel"按钮（在 Numbers 上），或者"PowerPoint"按钮（在 Numbers 上）。

8. 应用程序会按照你选择的格式导出文件，然后再一次显示文档。

创建 PDF 文件

创建文档、电子表格或者演示文稿是很有帮助的，但是有的时候你可能需要在你的 iPhone 上创建 PDF 文件，这样提供给你的用户的就会是完全编排好的文档，并且它们不能更改。

 如果你正在使用 Pages、Numbers 或者 Keynote 的话，你可以通过导出文档来创建一个 PDF 文件。想要了解详细情况，请参见前边的侧边栏"将你的 iWork 文件转换成 Microsoft Office 格式"。

当你需要创建 PDF 文件的时候，试一下下面两个应用程序。

❑ Adobe CreatePDF。CreatePDF 来自于 Adobe 这个制定了 PDF 文件格式的公司，它使你能够从一个文件存储区域中提取文档，并将它转换成 PDF 文件。CreatePDF 有一点拙劣，因为它并没有一个文件浏览器来获取从其中创建 PDF 文件的文档：相反，你不得不从文档所在的应用程序的文件存储区域开始，然后在 CreatePDF 中使用打开命令来打开它（见图 3-8 左侧）。但是，一旦你已经提取了文档，转换到 PDF 的过程（见图 3-8 右侧）就会运行得十分顺利。

❑ Save2PDF。Save2PDF 是一款用来创建和操纵 PDF 文件的应用程序。Save2PDF 的功能包括将两个或者更多的 PDF 文件合并成一个单独的文件以及在已有的文档中添加额外的页数。例如，如果你有一个包含标准合同的 PDF 文件，你可以添加额外的页数，这样可以把它变成一个定制版本。

图 3-8　想要使用 CreatePDF 创建一个 PDF 文件，你可以使用打开命令（左图），然后，CreatePDF 会将文件转换成 PDF 格式

在你的 PC 或者 Mac 之间共享文档

在本节中，我们将来看一下如何在你的 iPhone 和你的计算机之间共享文档。我们将讨论 iTunes 的文件共享功能，看看通过电子邮件传输文档以及讨论一下 3 个可以传输文档的第三方应用程序。

使用 iTunes 的文件共享来共享文档

如果你使用 iTunes 而不是 iCloud 来同步你的 iPhone，你可以使用 iTunes 的文件共享功能来将你的计算机上的文档放到 iPhone 上，或者从你的 iPhone 上将文档复制到你的计算机上。这是从 A 点到 B 点最直接的转换文件方式。

想要使用文件共享功能来传输文档，请按照如下步骤操作。

1. 像通常一样，将你的 iPhone 连接到计算机上。

2. 如果计算机不能自动打开或者激活 iTunes，你可以自己打开或者激活。

3. 在"源"列表中，点击进入你的 iPhone 来显示它的控制窗口。

4. 单击应用程序标签来显示你的 iPhone 上的应用程序和文件。

5. 向下滑动到"文件共享"区域（见图 3-9）。

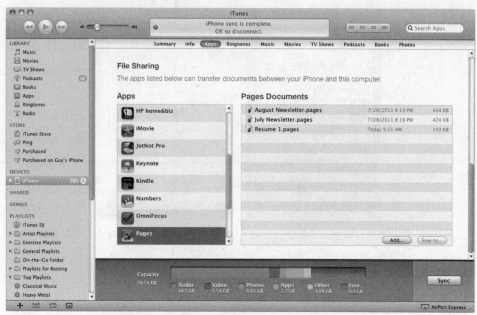

图 3-9　在 iTunes 中的应用程序标签上的文件共享区域控制了一台 iPhone 可以传输文件的应用程序列表窗口，单击一个应用程序来看一下它的文件

6. 在应用程序列表中，单击你想要向它传输文件的应用程序。该应用程序的文件列表会出现在文档窗口的右侧。

7. 想要将文档添加到应用程序中，请按照如下步骤操作。

a.　单击"添加"按钮来显示"打开"对话框。

b.　浏览并选择文档或者你想要添加的文件。

c.　单击"完成"按钮（在 Windows 系统中）或者"打开"按钮（在 Mac 上）。

8.　想要从应用程序上将文档复制到计算机上，请按照如下步骤操作。

a.　单击"保存至"按钮来显示 iTunes 对话框（在 Windows 系统中）或者"选择一个文件：iTunes"对话框（在 Mac 上）。

b.　浏览你想要在其中保存文档的文件夹。

c.　单击"选择文件夹"按钮（在 Windows 系统中）或者"打开"按钮（在 Mac 上）。

文件传输一般都很快速，如 USB 2.0 可以处理多达 480 兆比特每秒（Mbit/s）——但是，如果你要传输很多非常大的文件，它将要花费一段时间。（并且，如果你正在使用的是一个 USB 1.x 接口，它的 12Mbit/s 的限制将会使过程变得更加缓慢。）

通过电子邮件传输文档

当你想要在你的 iPhone 上快速地获取文档时，你可以简单地通过电子邮件将它们发送到 iPhone 上的一个账户里。然后，你可以直接从电子邮件信息里以一个 iPhone 的阅览器或者任何你想要在文档上使用的应用程序来打开这个文档。

电子邮件看起来可能是有些拙劣的传输文档的解决方法，但是，它是十分快捷和有效的，除非这个文档太大，以至于无法通过电子邮件服务使用。当文件是在某些其他人的计算机上而不是你通常用来同步你的 iPhone 的计算机的话，电子邮件是特别有用的。

而且，你也不需要我指出"在你编辑好以后，你可以使用邮件来将一个文档发送回来，或者将它发送给下一个需要处理的人"。

1.　从一个信息中将文档复制到一个应用程序的储存区域。想要从一个电子邮件信息中获取一个文档，并且将它放到一个应用程序的储存区域里，请按照如下步骤操作。

a.　在信息列表中，点击信息来显示它的内容。

b.　在信息中，点击并按住文档的按钮，直到邮件显示了一个菜单（见图 3-10）。

c.　如果你想要用一个基本的阅览器来打开文档，点击"快速查看"按钮；不过，通常你在一个应用程序里打开文档会更好。如果你想要在默认应用程序中打开文档（在这个例子中是 Pages），点击"在'应用程序'中打开"按钮（在这里，应用程序代表的是它的名称）。否则，点击"打开"按钮来显示打开菜单（见图 3-10 右侧），然后，点击你想要使用的应用程序。

图 3-10　在电子邮件信息中，点击并按住一个文档的按钮，直到打开文档菜单出现（左图）；想要使用一个不同的应用程序，点击"打开"按钮来显示打开菜单（右图），然后，点击你想要的应用程序

　　这是从信息中复制文档以及将它放到应用程序中最有效的方法。但是，通常你可能想要做的是查看一下文档的内容，这样你可以决定使用哪个应用程序来打开它。例如，如果你在你的 iPhone 上接收到一个 Word 文档，你可能想要使用 Pages 来打开它，这样你就可以使用 Pages 的精简布局工具。但是，如果你只是简单地想要按照一个 Word 文档来编辑文件，你最好还是在 Documents To Go 中打开文档，或者一个相似的可以操作 Word 文档格式的应用程序。

　　2.　查看一个文档，并决定要使用哪个应用程序来打开它，请按照如下步骤操作。

　　a.　在信息列表中，点击信息来显示它的内容。

　　b.　点击你想要打开的附件文档的按钮。你的 iPhone 会在一个阅览器中显示文档。

　　c.　点击"操作"按钮（这个按钮就是窗口右上角的带有一个弯曲的箭头的按钮）来显示在默认应用程序或者另外一个应用程序中打开文档或者打印文档的菜单。图 3-11 左侧窗口显示了一个 PDF 文档，对于这个程序来说，iBook 是默认的应用程序。

　　d.　如果你想要使用默认应用程序，点击它的按钮来在其中打开文档。否则，点击"打开"按钮来显示可以在其中打开文档的应用程序列表。图 3-11 右侧窗口显示了这样一个列表的例子。

　　e.　点击你想要用来打开文档的应用程序。

图 3-11　想要从一个电子邮件信息中复制一个文档，在阅览器中打开它，从操作菜单（左图）中，你可以以它的默认应用程序打开文档；想要使用另外一个应用程序的话，点击"打开"按钮，然后点击要使用的应用程序（右图）

3. 如果需要的话，从邮件中删除文档。一旦你在另外一个应用程序中打开了一个附加的文档，这个应用程序就会在它的储存区域中存储一个该文件的备份。如果需要的话，现在你可以删除电子邮件信息和它附加的文档；你已经添加到其他应用程序存储区域的文档备份却不受影响。

　　如果你将一张照片附加到一个电子邮件信息中，接收方可以将图片保存到他或者她的 iPhone 的照片存储区域中。但是，如果你附加了一个音乐文件或者视频文件，接收方只能在阅览器中播放或者将它添加到第三方应用程序中，这个程序可以处理媒体文件类型，而不是将它添加到 iPhone 的音乐存储区域中。

使用第三方应用程序传输文档

如果你需要比 iTunes 提供的更直接或者更广范围的访问 iPhone 的文件系统，你将需要使用一个第三方应用程序来替代。本节将向你介绍 3 款当下最流行的有效应用程序。Air Sharing、FileApp Pro（带或者不带 DiskAid）以及 Documents To Go。

1. 使用 Air Sharing 传输文档。Air Sharing 是一款将文档传输到 iPhone 以及从 iPhone 上面传输文档的应用程序，它可以让你在设备上查看文档。Air Sharing 使你能够将你的计算机通过一个无线网络连接到你的 iPhone 上，它有 3 个不同的版本。

❑ Air Sharing。Air Sharing 是这款应用程序用于 iPhone 的最基本版本。你可以将你的 iPhone 作为一个设备安装到你的计算机或者 Mac 上，通过两种方式来传输文件，并且可以以 iOS 阅览器支持的格式来查看或者用电子邮件发送文档。图 3-12 显示了一个 Finder 窗口，它上面显示的内容是使用 Air Sharing 来将 iPhone 被安装作为一个驱动器。

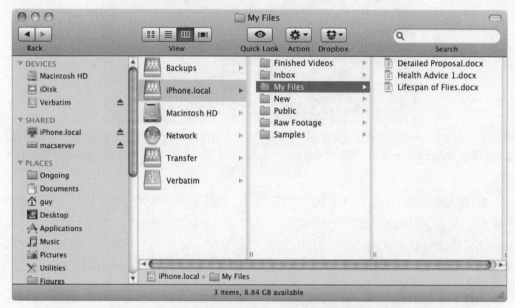

图 3-12　使用 Air Sharing，你可以将 iPhone 作为一个驱动器安装到你的计算机上，
这样你就可以轻松地传输文件了

❑ Air Sharing Pro。Air Sharing Pro 添加了如下功能：连接到一个运行着伴随程序的 Windows 系统计算机，安装远程文件系统，打开并且创建 Zip 文件以及从网页上下载文件。

❑ Air Sharing HD。Air Sharing HD 是 Air Sharing Pro 的 iPad 版本，并且它在更大尺寸的窗口上提供了相似的功能。

　想要了解通过 Air Sharing 来将一台计算机或者 Mac 连接到你的 iPhone 上的说明，请参阅本节后面的项目 23，"使 iPhone 成为你的家庭文件服务器"。

2. 使用 FileApp Pro 来传输文档。像 Air Sharing 一样，FileApp Pro 也是一款传输文档到 iPhone 以及从 iPhone 上面传输文档的应用程序，它可以让你在设备上查看文档。使用 FileApp Pro，你可以通过 USB 数据线（具有很快的速度）或者通过一个无线网络连接（具有很好的灵活性）来连接到你的 iPhone 上。想要通过 USB 连接，你需要使用 iTunes 的文件共享功能或者在你的 PC 或 Mac 上运行 DigiDNA 公司的 DiskAid 程序（24.90 美元；www.digidna.net）。

图 3-13 中左侧图像显示了用来在 iPhone 上操作文件夹的 FileApp Pro 界面。图 3-13 中右侧图像显示了 FileApp Pro 的"共享"窗口。你可以点击"USB"按钮或者"无线"按钮来选择使用哪种方法共享，然后点击你正在使用的操作系统的按钮——"Win 7"、"Win Vista"、"Win XP"或者"Mac OS X"——来显示连接的说明。

图 3-13　FileApp Pro 让你在 iPhone 上可以轻松地创建和操作文件夹（左图），
并且在 USB 连接和无线连接之间选择（右图）

你可以通过使用 iTunes 中"应用程序"标签里"文件共享"区域的"进入 FileApp Pro"来传输文档，但是，如果你想要轻易地传输很多文件，并且选择将它们放到哪个文件夹中，获取 DiskAid 以及将它安装到你的计算机上是很有必要的。一旦你在 iPhone 上设置了共享，你可以通过 DiskAid 连接，并轻松地来回传输。图 3-14 显示了运行中的 DiskAid。

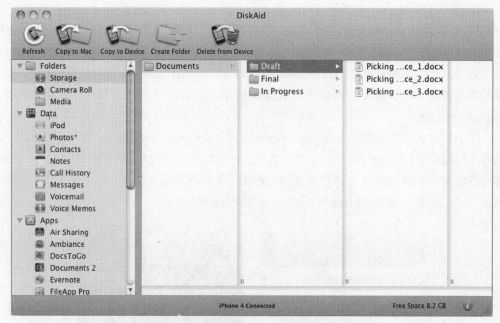

图 3-14　DiskAid 是 FileApp Pro 的伴随程序，它可以使传输文件到 iPhone 或者从 iPhone
上传输文件很简单，你也可以单独使用 DiskAid

　　　　如果你只是想在你的 iPhone 上存储文件而不是在 iPhone 上打开文件的
话，DiskAid 是一个很方便的工具——例如，想要将它们从一台计算机传送
到另外一台上。有了 DiskAid，你可以在 iPhone 上创建你自己的文件夹，它
使你能够将它作为一个外置磁盘来使用。

　　3. 使用 Documents To Go 来传输文档。如果你工作的时候需要广泛地使用 Microsoft
Office 文档——例如 Word 文档或者 Excel 电子表格——你将可能发现 iWork 太繁琐了。与
其在令人沮丧的转换中挣扎，还不如获取一个可以处理主要 Office 文件格式而无需转换它
们的第三方应用程序。

　　如同在本章前面讨论过的一样，直接在 iPhone 上创建和编辑 Microsoft Office 文档的最
主要选择就是 Documents To Go 和 Quickoffice。在撰写本文的时候，Documents To Go 似乎
是两者之间功能更加强大的，尤其是因为它具有在你的计算机和 iPhone 之间传输文档的优
良功能。

你可以通过使用 iTunes 中的应用程序标签上的文件共享区域里的"进入 Documents To Go"来下载文档到 Documents To Go 里，但是为了经常使用，下载免费伴随桌面程序，它能在你的 PC 或者 Mac 上运行来同步 iPhone 的文档。想要获取程序，转到在 DataViz 网页地址上的 iPhone 版的 Documents To Go 页面（ www.dataviz.com/DTG_iphone.html ），然后单击"下载 Win 版本"按钮或者"下载 Mac 版本"按钮。一旦你已经安装了这个程序，你可以通过 HotSync 的安装过程来将你的 iPhone 和桌面程序匹配。然后，你可以使用桌面程序来在你的 iPhone 上来回传输文件（见图 3-15）。

 Documents To Go Premium 可以访问一个在线存储账号里的文档，例如谷歌文档、Box.net、Dropbox，或者 iDisk。

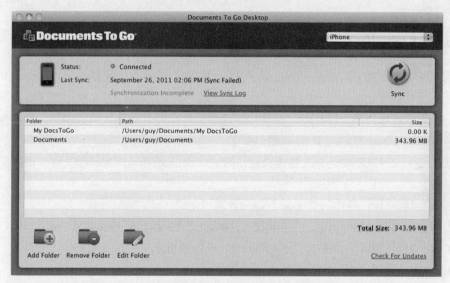

图 3-15　Documents To Go 桌面程序在你的计算机上运行，并且可以连接到你的 iPhone 上

项目 22：使 iPhone 成为一个移动存储设备

如果你有一些必须在任何时候随身携带的文件，你可以将它们存储在你的 iPhone 上，并将它作为一个移动存储设备来使用。这对于携带你需要在任何时间或者从任何计算机上

都能访问的文件以及制作你最重要的文件的备份都是很好的。

你也可以使用你的 iPhone 来从一台计算机传输大量文件到另外一台计算机上。

在本节中，我将向你介绍如何复制文件到你的 iPhone 上以及如何从你的 iPhone 上复制文件。我们将从 iTunes 的文件共享功能开始，你可以用它来复制文件到 iPhone 的特定应用程序的存储区域里或者从里面复制文件。然后，我们将转到第三方应用程序上，它可以让你在任何你想要的地方将文件存储到你的 iPhone 的文件系统中。

 将文件存储在你的 iPhone 上是保持它们在任何时候都可以让你使用的很好的办法，但是，确保你同时将它们备份到你的计算机里或者一个在线存储账户里。否则，如果你的 iPhone 被弄丢了、被偷了或者只是被砸坏了的话，你将会永远丢失任何只存储在 iPhone 上的文件。

使用 iTunes 的文件共享功能将文件复制到你的 iPhone 上

第一种将文件复制到你的 iPhone 或者从上面复制文件的方法就是使用 iTunes 的文件共享功能。文件共享功能能使你将一个文件放到一个特定的应用程序文件存储区域，而不是放在一个你自己选择的文件夹中。想要知道这些文件存储区域是如何工作的，参见旁边的侧边栏"了解 iPhone 的独立文档存储区域"。

想要使用文件共享功能将文档传输到你的 iPhone 上或者从里面传输文件，请按照如下步骤操作。

1. 像通常一样，将你的 iPhone 连接到计算机上。
2. 如果计算机没有自动打开或者激活 iTunes 的话，自己打开或者激活它。
3. 在"源"列表中，单击"进入你的 iPhone"来显示它的控制窗口。
4. 单击"应用程序"标签来显示它的内容。
5. 向下滑动到"文件共享"区域（见图 3-16）。
6. 在应用程序列表中，单击你想要向其中传输文件的应用程序。该应用程序的文件列表会出现在"文档"窗口的右侧。

图 3-16　iTunes 的 iPhone 控制窗口中的应用程序标签上的文件共享区域列出了可以传输文件的
应用程序。单击一个应用程序来看一下它的文件

 高级技术达人

了解 iPhone 的独立文档存储区域

出于安全考虑，iPhone 的文件系统——iOS，给每一个应用程序提供了独立的文档存储区域。iOS 主要限制了每个应用程序存储在它自己的存储区域，以及防止它们访问其他应用程序的存储区域。这种安全性措施，既可以保护一个应用程序免受恶意软件的侵害，又可以防止其对其他应用程序的数据文件进行不必要的更改。

例如，如果你在 iPhone 上有 Pages 这个应用程序，你可以使用文件共享来将一个 Pages 文档从你的 Mac 上传输到你的 iPhone 上。一旦 Pages 文档传输到了你的 iPhone 上，你可以打开 Pages，然后打开文档。但是，你不能用另外一个应用程序来打开文档，因为它是存储在 Pages 存储区域中的。

唯一的例外是应用程序可以接收传入的文件，例如邮件或者 Safari 浏览器。这些应用程序可以将文件提供给其他应用程序。例如，如果你在 iPhone 上接收了一个附加在电子邮件上的 Word 文档，你可以选择是在 Pages 中打开这个文档，还是在一个能够处理 Word 文档的应用程序中打开。邮件使文档对于 Pages 或者你选择的应用程序都是可用的。

当你在 Pages 中打开文档的时候，你的 iPhone 会将文档复制到 Pages 中的存储区域里。然后，你可以使用 Pages 从它的存储区域打开那个新的备份。原来的附加的文档仍然保持附加在邮件的信息里，如果需要的话，你可以将它复制到另外一个应用程序的存储区域。

7. 想要将文档添加到应用程序中，请按照如下步骤操作。

a. 单击"添加"按钮来显示 iTunes 对话框（在 Windows 系统中）或者"选择一个文件：iTunes"对话框（在 Mac 上）。

b. 浏览并选择你想要添加的文档。

c. 单击"完成"按钮（在 Windows 系统中）或者"选择"按钮（在 Mac 上）。

8. 想要从应用程序将文档复制到计算机上，请按照如下步骤操作。

a. 单击"保存至"按钮来显示 iTunes 对话框（在 Windows 系统中）或者"选择一个文件：iTunes"对话框（在 Mac 上）。

b. 浏览你想要在其中保存文档的文件夹。

c. 单击"选择文件夹"按钮（在 Windows 系统中）或者"选择"按钮（在 Mac 上）。

9. 单击"同步"按钮来运行同步过程。

文件传输通常运行得很快，例如，USB2.0 可以最高处理 480 兆比特每秒——但是，如果你正在传输的是很多大型文件，它可能会需要一段时间。

寻找一个合适的程序，用它来在你的 iPhone 上传入或传出文件

当你需要全面地访问你的 iPhone 的文件系统的时候，iTunes 的共享功能可能是不够的。相反，你需要使用一个第三方应用程序，它可以使你将你的 iPhone 作为一个外置驱动器来使用。

本节为你介绍了 3 个这样的程序：DiskAid、Air Sharing 以及 PhoneView。你可以在网站或者苹果商店（你可以在你的计算机上通过 iTunes 来访问，或者在你的 iPhone 上通过苹果商店应用程序来访问）里找到其他的程序。

DiskAid（Windows 版和 Mac OS X 版）

来自 DigiDNA 公司的 DiskAid（24.90 美元；www.digidna.net/diskaid）是一个让你可以将你的 iPhone 作为一个外置磁盘来安装的实用工具。图 3-14（在本章前面内容有提到）显

示了在一台 Mac 上工作的 DiskAid。

　　DiskAid 的 "工具栏" 按钮让你可以轻松地创建文件夹、复制项目到设备以及从设备上复制项目、从一个设备上删除项目。但是，你也可以简单地从一个 Windows 资源管理器窗口或者一个 Finder 窗口拖曳文件和文件夹到 DiskAid 窗口来将它们添加到设备中。

 　　DiskAid 包含一个叫做 TuneAid 的功能，你可以用它来从你的 iPhone 上将歌曲恢复到你的计算机上——例如在你的计算机的硬盘驱动器运行了备份以后，你不得不更换它。

Air Sharing（Windows 版和 Mac OS X 版）

　　Air Sharing 来自于 Avatron 软件公司（ www.avatron.com ），你可以从苹果商店上以 6.99 美元购买它，它可以让你通过一个无线网络连接而不是大多数其他程序要求的 USB 连接来访问你的 iPhone。不需要将设备连接到你的计算机上是一个优势，但是你会获得比通过 USB 传输更慢的文件传输速度，并且，在你使用 Air Sharing 的时候，你的 iPhone 不能充电，除非你将它插在苹果的 USB 电源适配器上。

　　如果 Air Sharing 适合你的话，你可能会想要升级得到通用版本（9.99 美元），它包含了更多种类的文件操作方式（例如创建新的文件夹以及压缩和解压缩文件），还包含挂载远程文件服务器（例如 iCloud 和 Dropbox）的功能以及能够在特定打印机上打印的功能。

 　　想要了解在你的 iPhone 上设置 Air Sharing 以及从你的 PC 或者 Mac 连接到它上面的说明，请参阅在本章后面的项目 23，"使用 iPhone 成为你的家庭文件服务器"。

PhoneView（只有 Mac OS X 版本）

　　PhoneView（见图 3-17）来自 Ecamm 网络公司（ 19.95 美元； www.ecamm.com/mac/phoneview ），它让你可以从你的 Mac 上访问你的 iPhone。Ecamm 公司提供了一个带有大多数功能的试用版本，它能提供给你 7 天的时间来确定 PhoneView 是否适合你的需要。

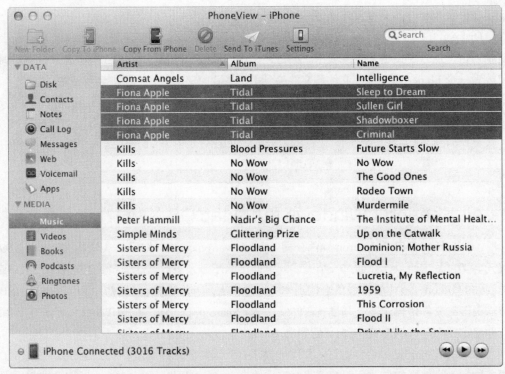

图 3-17　PhoneView 让你可以快速地访问你的 iPhone 上的内容，复制、添加或者删除文件

当你使用完 PhoneView 的时候，退出它（例如，按下⌘+Q 键或者选择 PhoneView｜退出 PhoneView）。PhoneView 会关闭它的窗口，并且释放它在你的 iPhone 文件系统中占用的内存。

项目 23：使 iPhone 成为你的家庭文件服务器

如果你家里有几台计算机的话，你可能需要在它们之间共享文件。你可以通过在一台计算机或者另外一台计算机上共享文件夹来完成操作，但是，这仅仅只是在每台计算机共享文件都被打开而且运行正常的情况下才会起作用。很多人会发现他们最好还是使用一个单独的计算机或者设备来共享文件，将它作为一个文件服务器来使用。

使 iPhone 成为一个文件服务器意味着你可以在 iPhone 上携带所有你的重要文件，并且无论你走到哪里都可以带着它们。使 iPhone 只为一小群的计算机作为一个文件服务器。iPhone 的无线网络连接在传输不太多数量的数据时拥有足够快的速度，但是，如果你试图一次连接很多计算机到 iPhone 上，你的 iPhone 将会表现不佳。

你可以支付几百美元来购买一台计算机作为一个文件服务器，或者你可以购买一个网络附加存储（NAS）设备——实际上，适当配置的计算机可以在一个网络里充当服务器。但是，如果你不想花费金钱的话，你可以将你的 iPhone 来替代一个文件服务器。你所需要做的就是安装正确的应用程序，设置它来共享文件，然后将你的计算机连接到它上面。

当你使你的 iPhone 成为一个服务器的时候，保持将它连接到电源上。并且确保已经备份好了所有你关心的文件，以免一旦你丢失了 iPhone 的话，也会失去你的数据。

你可以获取各种各样的应用程序，它们能使你将你的 iPhone 作为一个服务器来使用，但是，在撰写本文的时候，最好的选择是 Air Sharing，你已经在本章前面的内容中见过它了。在本节中，我将首先介绍给你如何在你的 iPhone 上设置 Air Sharing，然后介绍如何使用你的计算机或者 Mac 连接到你已经共享的文件夹。

如果你需要一起使用几个 iPhone 或者 iPod touch 来作为你的文件服务器，看一下 SeversMan（http://serversman.com/en/）。这个免费的应用程序是一个尽可能利用你的旧 iPhone 或者 iPod touch 的很好的方式，前提是你太执著于它们，以至于你不想在 eBay 上出售它们。

在你的 iPhone 上设置 Air Sharing

如在本章前面内容讨论的一样，Air Sharing 目前有 3 个不同的版本：Air Sharing、Air Sharing Pro，以及 Air Sharing HD。Air Sharing HD 是 iPad 版本的 Air Sharing，所以，对于 iPhone 来说，你将使用普通版的 Air Sharing 或者使用 Air Sharing Pro。我建议你先以普通版的 Air Sharing 开始，当你发现你需要它提供的额外功能的时候，再升级到 Air Sharing Pro，例如，将你的 iPhone 连接到一台 Windows 系统的计算机上，或者是在你的 iPhone 上安装远程文件系统。

在下载完 Air Sharing 并将它安装到你的 iPhone 上以后，无论是在你的 iPhone 上使用苹果商店应用程序还是通过 iTunes 同步，设置 Air Sharing，这样你的计算机就可以连接到它上面。请按照如下步骤操作。

1. 打开你的 iPhone，通过在主屏幕上点击它的图标来打开 Air Sharing。"我的文档"窗口就会出现，（见图 3-18 左侧）。

2. 点击右下角的扳手图标来显示"设置"窗口（见图 3-18 右侧）。

图 3-18　在"我的文档"窗口（左侧）上，点击右下角的扳手图标来显示"设置"窗口（右侧）

3. 点击"共享"按钮来显示"共享"窗口（见图 3-19 左侧）。

4. 点击"启动"开关，并将它移动到开启位置。

　在将共享窗口上的"启动"开关移动到开启位置以后，如果你需要的话，你可以改变 HTTP 接口设置或者 HTTPS 接口设置。通常，最简单的方法就是维持默认设置——适用于 HTTP 的 80 端口和适用于 HTTPS 的 443 接口。

5. 点击"设置"按钮来返回到"设置"窗口。

6. 点击"共享安全"按钮来显示"共享安全"窗口（见图 3-19 右侧）。

　本节将告诉你如何在你的 iPhone 上实施一个合理的共享安全级别。Air Sharing 不仅可以为你的 iPhone 提供无密码访问，也可以提供公开访问，但是，你最好还是只为你正在共享的内容提供安全访问。

图 3-19 通过在"共享"窗口（左侧）上将"启动"开关设置为开启位置来打开共享；在"共享安全"窗口（右侧）上，将"需要输入密码"开关移动到开启位置，然后输入连接用的用户名和密码

7. 点击"需要密码"开关，并将它移动到开启位置。

8. 输入用来连接的用户名和密码。每个用户都将会使用相同的用户名和密码。

9. 点击"公开访问"开关，并且将它移动到关闭位置。

10. 点击"设置"按钮来返回到"设置"窗口。看一下在底部给出的 Bonjour 地址和 IP 地址，并记下你需要的地址——Windows 系统的非 https IP 地址，Mac OS X 系统的非 https Bonjour 地址。

11. 点击"完成"按钮来返回到"我的文档"窗口。

现在，你已经在你的 iPhone 上设置好了 Air Sharing，你可以像接下来将要讨论的一样从你的 PC 或者 Mac 上连接到 Air Sharing。

从一台 PC 连接到你的 iPhone 上的 Air Sharing

想要从一台 PC 连接到你的 iPhone 上的 Air Sharing，请按照如下步骤操作。

1. 选择"开始 | 计算机"来打开一个"计算机"窗口。

2. 在工具栏上单击"映射网络驱动器"按钮来显示"映射网络驱动器"对话框（见图 3-20 ）。

3. 在"驱动器"下拉菜单中，选择你想要映射到你的 iPhone 上的驱动器盘符。

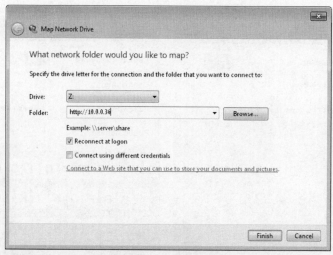

图 3-20　在映射网络驱动器的对话框中，选择要使用的驱动器盘符，然后在文件夹字段中
输入你的 iPhone 的地址

4. 在"文件夹"文本框中，输入 http://以及显示的你的 iPhone 的 IP 地址——例如，http://10.0.0.36。

5. 如果你想让你的 Windows 系统在每次你登录的时候自动重新连接驱动器，选择"登录时重新连接"复选框。除非你准备一直在你的 iPhone 上运行 Air Sharing，你最好还是清空这个复选框，并且在每次你需要的时候手动建立连接。

6. 单击"结束"按钮。Windows 系统会试图连接到你的 iPhone。

7. 如果你在 Air Sharing 上设置了一个用户名和密码的话，Windows 会提示你输入它们，如下所示。

8. 输入你的用户名和密码。

9. 如果你想要 Windows 系统存储用户名和密码以备将来使用的话，选择"记住我的证书"复选框。如果你正在使用你自己的 PC，这通常是一个好主意。

10. 单击"完成"按钮。Windows 会建立到你的 iPhone 的连接，并且显示一个 Windows 资源管理器窗口来显示它的内容（见图 3-21）。

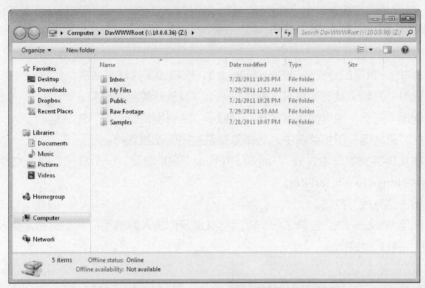

图 3-21　Windows 系统会打开一个 Windows 资源管理器窗口来显示你的 iPhone 的文件系统

现在，你可以使用标准的 Windows 资源管理器技术来在你的 iPhone 的文件系统上工作。例如，想要创建一个新的文件夹，在文档区域中右键单击打开空间，从下拉菜单中选择"新建｜文件夹"，输入要给文件夹赋予的名称，然后按下确定键。

当你在 PC 上使用完 iPhone 的时候，像这样断开网络驱动器连接：

1. 在 Windows 资源管理器窗口中，单击地址框中的"计算机"来显示"计算机"窗口。或者，选择"开始｜计算机"来打开一个"计算机"窗口。

2. 右键单击代表你的 iPhone 的驱动器，然后在下拉菜单中单击"断开连接"按钮。

高级技术达人
从 Windows XP 系统连接到 Air Sharing

如果你的 PC 运行的是 Windows XP 系统，要想连接到 Air Sharing 上，你必须安装 Service

Pack 3。如果你不确定你的 PC 运行的是哪一版的 Service Pack，单击"开始"按钮，右键单击"我的计算机"图标，在下拉菜单中单击"属性"，然后看一下在"系统属性"对话框中的"常规"选项卡上的系统读出。

还有一个问题：XP 系统无法连接到 iPhone 的共享目录。相反，你必须连接到一个子目录上——最好是你想要在其中工作的那一个。如果你主要在一台装有 Windows XP 系统的计算机上使用你的 iPhone 的话，你可能将会想要在你的 iPhone 文件系统中设置一个包含你所有其他文件夹的子文件夹。

假设你的计算机已经安装了 Service Pack 3，按照如下这样来连接。

1. 选择"开始｜我的计算机"来打开一个"我的计算机"窗口。

2. 选择"工具｜映射网络驱动器"来显示"映射网络驱动器"对话框。

3. 在"驱动器"下拉菜单中，选择你要映射的驱动器盘符。

4. 在文件夹文本框中，输入 http://，iPhone 的 IP 地址，一个斜杠，以及文件夹的名称——例如 http://10.0.0.36/Files。

5. 单击"完成"按钮。

6. 如果 Windows XP 显示了一个对话框来提示你输入你的用户名和密码，输入它们，然后单击"完成"按钮。

从一台 Mac 上连接到你的 iPhone 上的 Air Sharing

想要从一台 Mac 上连接到你的 iPhone 上的 Air Sharing，请按照如下步骤操作。

1. 单击桌面启动 Finder。

2. 选择"继续｜连接到服务器"或者按住 ⌘+K 来显示"连接到服务器"对话框（见下图）。

3. 在服务器地址文本框中，输入 http://以及代表你的 iPhone 的 Bonjour 地址——例如

http://iPhone.local。

不输入 Bonjour 地址，你还可以输入你的 iPhone 显示的 IP 地址。但是考虑到无论任何时候，你的 Mac 都在运行着 Bonjour，所以通常 Bonjour 地址是一个更好的选择。这是因为你的 iPhone 的 Bonjour 地址是保持不变的，除非你改变了你的 iPhone 的名称；然而，如果你的 iPhone 从一个 DHCP 服务器获取它的 IP 地址（如正常设置一样）的话，每次当它连接到 DHCP 服务器的时候，你的 iPhone 通常都会获取一个不同的 IP 地址。

　　4．如果你想要将你的 iPhone 添加到你的服务器列表中，单击"添加（＋）"按钮。如果你计划经常使用这台 Mac 来访问你的 iPhone 的话，这是一个很棒的主意。

　　5．单击"连接"按钮。Finder 会尝试连接到你的 iPhone 上。

　　6．如果你已经在 Air Sharing 上面设置了用户名和密码的话，Mac OS X 系统会提示你输入它们，见下图。

　　7．确保"注册用户"选项按钮是被选择的。

　　8．输入你的用户名和密码。

　　9．如果你想要你的 Mac 存储密码以备将来使用的话，选择"在我的密码链中记住此密码"复选框。当你在使用你自己的 Mac（而不是别人的 Mac）的时候，这通常是一个好主意。

　　10．单击"连接"按钮。Finder 会建立到你的 iPhone 的连接，并且在一个 Finder 窗口中显示你的 iPhone 的内容。

　　现在，你可以使用与任何其他驱动器一样的技术来在你的 iPhone 文件系统上面工作了。例如，单击或者右键单击"Ctrl"键，然后在下拉菜单中单击"新文件夹"来创建一个新的文件夹（见图 3-22）。

图 3-22　在使用 Air Sharing 连接到你的 iPhone 上以后，你可以使用正常的 Finder 技术
来在它的文件系统上面工作

当你在 Mac 上使用完你的 iPhone 以后，在 Finder 窗口中单击"断开连接"按钮来断开
与驱动器的连接。

项目 24：使用高级电子邮件技巧

无论你是将你的 iPhone 用于工作还是娱乐，或者两者皆有，你将几乎肯定要使用它上
面的电子邮件来工作。你可以很轻松地开始使用邮件应用程序，但是，你也将发现它有很
强大的功能以及许多不为人知的秘密。

本节将给你介绍 10 个在你的 iPhone 上使用电子邮件工作更加快速、更加聪明的方
法——从通过批量编辑你的信息来节省时间到用草稿来工作以及在一条信息中改变引用水平
的一切东西。我们将以为邮件选择 5 个基本设置开始。

选择 5 个基本设置

想要使邮件应用程序按照你的方式来操作，你可以在"邮件、通讯录、日历"窗口上
面选择设置。按照下面这样打开"邮件、通讯录、日历"窗口开始。

1. 按下主键来显示主屏幕。
2. 点击"设置"图标来显示"设置"窗口。
3. 向下滑动到第三个框，这个框以"通用"按钮开始。
4. 点击"邮件、通讯录、日历"按钮来显示"邮件、通讯录、日历"窗口。

图 3-23 中左侧窗口显示了"邮件、通讯录、日历"窗口的上半部分，右侧窗口则显示了下半部分。在顶部的是账户框，它包含了一个你已经设置过的账户列表，在它下面的是"获取新数据"按钮以及两个包含我们在本节将要使用的邮件设置框。

大多数的设置都很简单，但是本节将告诉你如何选择 5 个最重要的。

☐ 选择要显示多少信息，以及如何预览它们。
☐ 设置你用来发送信息的默认账户。
☐ 将你的信息推送到你的 iPhone 上。
☐ 保护自己免受垃圾信息的图片侵害。
☐ 设置你需要的签名。

选择要显示多少信息，以及如何预览它们

在"邮件、通讯录、日历"窗口上的邮件框的顶部（见图 3-23 左侧），选择应该显示多少信息以及应该以哪种预览方式来显示它们。

图 3-23　打开"邮件、通讯录、日历"窗口（左侧和右侧）来为邮件应用程序选择最基本的设置

☐ 显示。点击这个按钮来打开"显示"窗口，然后点击你想要看的信息的数值按钮：50 个最近的信息、100 个最近的信息、200 个最近的信息、500 个最近的信息或者 1000 个

最近的信息。除非你有一大堆电子邮件，否则 50 个最近的信息通常是最好的选择方式。当你选择完成以后，点击"邮件、通讯录、日历"按钮。

☐ 预览。想要选择邮件显示每个信息多大的预览，点击这个按钮，然后在预览窗口上点击适当的按钮：没有、1 行、2 行、3 行、4 行或者 5 行。你显示的行数越多，你就能更好地从预览中分辨每条信息——但是，你在窗口上一次能看见的预览就会变少。选择你想要的。

 如果你发现邮件加载很慢的话，在预览窗口上尝试点击"没有"按钮来关闭预览。看一下这个改变是否做出了你想要保持的变化。

设置你的默认账户

如果你在你的 iPhone 上设置了两个或者更多的账户，你需要告诉邮件应用程序哪个是你要使用的默认账户。想要分辨默认账户，请按照如下步骤操作。

1. 按下主键来显示主屏幕。

2. 点击"设置"图标来显示"设置"窗口。

3. 向下滑动到第三个框，这个框以"通用"按钮开始。

4. 点击"邮件、通讯录、日历"按钮来显示"邮件、通讯录、日历"窗口（见图 3-24 左侧）。

图 3-24　在"邮件、通讯录、日历"窗口上，点击"默认账户"按钮来显示"默认账户"窗口（右图），然后点击你想用来作为默认的账户

5. 点击"默认账户"按钮来显示"默认账户"窗口（见图 3-24 右侧）。

6. 点击你想要设置为默认的账户。

7. 点击"邮件、通讯录、日历"按钮来返回到"邮件、通讯录、日历"窗口。

将你的信息推送到你的 iPhone 上

想要尽快获取你的信息，设置你的电子邮件账户在你的 iPhone 上使用推送。使用推送会告诉服务器在一条信息到达服务器的时候，立刻推送到你的 iPhone 上，而不是将信息保留在服务器中，直到邮件应用程检查邮件。

 不是所有的电子邮件供应商都支持推送功能。如果你的电子邮件账户不提供推送服务的话，你可以设置你的 iPhone 在很短的时间间隔内检查邮件来替代。这就是所谓的获取。而且，不管你使用的是推送还是获取，你都可以在任何时间点通过点击"刷新"按钮来手动检查邮件，这个按钮就是在邮件窗口左下角的那个顺时针弯曲的箭头图标。

想要设置你的 iPhone 使用推送功能，请按照如下步骤操作。

1. 在"邮件、通讯录、日历"窗口（见图 3-25 左侧）点击"获取新数据"按钮来显示"获取新数据"窗口（见图 3-25 右侧）。

图 3-25　在"邮件、通讯录、日历"窗口（左侧），点击"获取新数据"按钮来显示"获取新数据"窗口（右侧），然后将"推送"开关移动到开启位置

2. 确保"推送"开关被设置为开启位置。

3. 在获取区域内，当推送功能不可用时，点击来在你想使用的获取间隔的按钮上放置一个复选标记：每 15 分钟、每 30 分钟、每小时或者手动。

4. 点击"邮件、通讯录、日历"按钮来返回到"邮件、通讯录、日历"窗口。

保护自己免受垃圾邮件中的图片侵害

当下，很难避免收到一些垃圾邮件——骚扰信息。当你收到的时候，你可以简单地删除它们。但是，罪犯有另外一个诡计：远程图像，这也被称为 Web bug。通过在一条信息中包含一个被储存在远程服务器上的图像的引用，这个罪犯不仅可以知道你什么时候打开这个邮件，而且他还会知道你的 IP 地址以及大概的地理位置。

想要避免这个麻烦的话，你可以在"邮件、通讯录、日历"窗口上将"载入远程图像"开关设置为关闭状态。这将会告诉邮件应用程序不要载入远程图像。然后，这个图像在你的信息中会以一个占位符的形式出现。你可以点击一个占位符来显示它的图像——最好是在检查完这封邮件是正常的以后。

改变你的签名

与其在每一条信息的最后输入一个结束线以及你的名字，你可以让邮件自动添加一个你自己的签名。添加一个签名可以为你节省很多时间和输入过程，特别是在你需要在其中包含你的公司名称或者联系方式的时候。

你的 iPhone 使用的是默认的签名"发自我的 iPhone"。在第一个或者第二个信息上，这可能是很有意思的，但是在你广泛地使用你的 iPhone 之后，你将会想要改变它。

想要改变你的签名，请按照如下步骤操作。

1. 按照本章前面讨论的那样打开"邮件、通讯录、日历"窗口。

2. 向下滑动到邮件标题下面的第二个框：设置。

3. 点击"签名"按钮来显示"签名"窗口（见下图）。

4. 如果有一个你想要清除的现有签名，点击"清除"按钮。

5. 输入你想要使用的签名。

6. 点击"邮件、通讯录、日历"按钮来返回到"邮件、通讯录、日历"窗口。

高级技术达人

通过使用文本快捷键创建多个签名

在撰写本文的时候，你的 iPhone 只允许你创建一个签名，它适用于你的所有账户。这意味着任何你新创建的邮件都会有一样的签名，任何你转发或者回复的邮件也会获得签名。

这对某些人很有用，但是如果你需要能在不同的邮件上应用不同的签名，你必须采取另外一种方法。

不是创建一个签名，而是转到"签名"窗口，并且点击"清除"按钮来清除任何在那里的签名。然后打开"通用"设置窗口，点击"键盘"按钮来显示"键盘"窗口，并且为每一个签名或者部分你想要能够快速输入的签名设置文本快捷键。例如，为你的名字创建一个文本快捷键，再为你的职位设置一个，为你的公司名称设置一个，以及为你的地址设置一个。想要了解创建文本快捷键的说明，请参见在本章前面的侧边栏"8 种在窗口键盘上提高你的输入速度的方法"。

一旦你创建了你的快捷键，你可以通过输入每个快捷键并且点击空格键来用适当的签名快速结束一个电子邮件。

批量编辑你的电子邮件

与在一个收件箱或者文件夹中一个一个处理电子邮件相反，你可以使用批量编辑来一次操作多个邮件。想要使用批量编辑的话，请按照如下步骤操作。

1. 打开包含邮件的收件箱或者文件夹。图 3-26 左侧窗口显示了一个使用 Gmail 邮箱的例子。

2. 点击窗口右上角的"编辑"按钮来打开编辑模式。

3. 为每一个你想要操作的信息点击"选择"按钮（见图 3-26 右侧）。

4. 点击"适当的命令"按钮。例如，点击"移动"按钮来显示邮箱窗口，然后点击你想要向其中移动邮件的邮箱。

图 3-26　点击一个收件箱或者文件夹右上角的"编辑"按钮（左图）来打开编辑模式，然后，你可以为每一个你想要操作的邮件点击"选择"按钮（右图），然后点击"适当的命令"按钮

将你的电子名片发送到通讯录中

当你需要与其他人共享你的通讯录信息的时候，将它当作一个电子名片附加到一个电子邮件中来发送。然后，接收方可以直接将数据导入到他的地址簿或者联系人管理程序中，而不需要再次输入它。

 你也可以将你的电子名片作为一个即时信息的附件来发送。只需要在"共享联系人使用"对话框中点击"信息"按钮，然后写姓名和地址并且发送即时信息。

想要发送你的电子名片，请按照如下步骤操作。

1. 按下主键来显示主屏幕。
2. 点击"电话"图标来显示"电话"应用程序。
3. 点击在窗口底部的"通讯录"按钮来显示通讯录列表。
4. 点击包含你想要共享的数据的联系人记录。
5. 点击"共享联系人"按钮（你可能需要下滑才能看到它）。"共享联系人使用"对话框就会出现（见下图）。

6. 点击"邮件"按钮。你的 iPhone 会导致邮件启动一个附有联系人记录的新信息。
7. 为信息输入名称和地址，给它一个标题以及任何需要的解释文本，然后点击"发送"按钮。

看一下一封邮件中的链接导向哪里

正如你所知道的，一封电子邮件中的一个链接可以显示一个不同的地址，而不是它实际上要转到的页面。

想要看一下一封电子邮件中的一个链接指向哪个 URL，点击并按住那个链接，直到邮件显示一个操作对话框（见下图），它上面包含每一个代表你可以对链接进行相应操作的按钮。URL 会出现在顶部。然后，如果它是安全的、可以打开的，你可以点击"打开"按钮，如果你想要存储这个 URL或者将它与其他人分享的话，你可以点击"复制"按钮，或者点击"取消"按钮来阻止打开它。

将一封邮件标记为未读或者将它标记为重要

当你接收到一封新邮件的时候，邮件会在收件箱中信息的左侧放置一个蓝点，这样你一眼就可以看出来它是未读的。当你打开这个信息的时候，邮件会将这个信息标记为已读，并且移走那个蓝点。

当你在筛选你的电子邮件的时候，你可能想要快速地看一下一封邮件，但是随后将它标记为未读，这样你就可以看到它仍然需要你的注意。想要将一封邮件标记为未读，点击信息日期右侧的"标记"按钮（见图 3-27 左侧），然后在打开的对话框中点击"标记为未读"按钮（见图 3-27 右侧）。

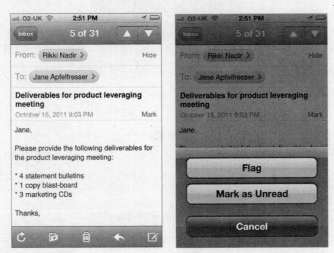

图 3-27　你可以通过点击"标记"按钮来快速地将一封邮件标记为未读状态（左图），然后在打开的对话框中点击"标记为未读"按钮（右图）

在当你点击"标记"按钮时打开的对话框中，你也可以点击"旗标"按钮来用一个旗子标记信息。然后，邮件会在收件箱或者文件夹中的信息左侧显示一个旗子图标。

这个旗标会一直存在，直到你通过点击"标记"按钮，并且点击"取消旗标"按钮来移除它。你可以将旗标用于任何你选择的目的，但是它相比于标记信息为未读状态最主要的优势是当你打开信息进行阅读的时候，旗标还会保留在原来的地方。

高级技术达人
阻止 Gmail 存档你想要删除的信息

Gmail 的无限存储功能是一笔巨大的财富，但是如果你像我一样的话，你将想要删除一些你的旧邮件，而不是把它们存档，直到世界末日。想要阻止 Gmail 存档邮件的话，请按照如下步骤操作。

1. 打开"设置"应用程序并且显示"邮件、通讯录、日历"窗口。

2. 在账户列表中，点击你的 Gmail 账户来显示它的控制窗口。

3. 点击"存档"信息开关，并且将它移动到关闭位置。

4. 点击"邮件、通讯录、日历"按钮来返回到"邮件、通讯录、日历"窗口。

在你做完这些以后，邮件会为你的 Gmail 账户显示"删除"按钮，而不是"存档"按钮，并且你可以删除信息而不是对它们进行存档。

将一条信息保存为一个草稿，这样你可以稍后再完成它

当你没有时间来完成一条你已经开始书写的电子邮件的时候，将它保存为一个草稿，这样你可以稍后再来完成它。点击"取消"按钮，然后在草稿对话框（见下图）中点击"保存草稿"按钮。邮件会将信息保存在你的草稿文件夹中。（如果草稿文件夹不存在的话，邮件会创建一个。）

你可以在邮件中通过简单地点击并按住"撰写"按钮来快速地重新打开你之前正在工作的最近草稿信息。想要打开一个旧的草稿信息，转到草稿邮件的账户，然后点击邮件：

1. 在窗口左上角点击"邮箱"按钮来显示"邮箱"窗口。

2. 在账户框中，当你创建草稿的时候，点击你正在使用的账户。这个账户的文件夹列表就会出现。

3. 点击"草稿"按钮。草稿文件夹就会打开，显示草稿邮件的列表。

4. 点击你想要打开的邮件。

更改你用来发送信息的账户

如果你从一个错误的账户上面开始编写一条电子邮件信息的话，你不需要取消这个信息再重新开始一遍。只需要点击"发件人"区域来扩大"抄送/密件抄送和发送"区域，再点击一次"发件人"区域，然后在出现的滚轮上点击你想要使用的地址（见下图）。

在一封邮件中套用格式文本

如果你想让部分你正在撰写的信息内容更加突出，你可以应用粗体、斜体或者斜划线（或者 3 个中的两个，或者 3 个都用）。

想要应用格式，请按照如下步骤操作。

1. 选择你要设置格式的文本。
2. 显示显示栏上的下一部分（见插图左侧），在出现的栏上点击">"按钮。

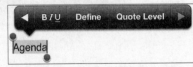 

3. 点击"BIU"按钮来显示粗体、斜体、下划线栏（见前面插图右侧）
4. 按照需要，点击"粗体"按钮、"斜体"按钮或者"下划线"按钮。

改变一条信息中的引用水平

另外一个让你正在书写的邮件中的文本突出的方式是将它标记为缩进。你可以通过选择文本，在出现的栏上点击"＞"按钮，点击"引用水平"按钮，然后再在出现栏上点击"增加"按钮来完成操作（见下图）。你也可以点击"减少"按钮来减少已经缩进过文本的缩进。

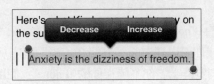

将信息发送到一个不展示电子邮件地址的组里

当你需要向一组不需要互相知道的人发送一个电子邮件信息的时候，不要将所有的电子邮件地址放到收件人框或者抄送框中，因为这样的话，每个收件人都将能够看到所有其他的地址。

相反，将你自己的地址放置在收件人框中，然后点击"抄送/密件抄送，收件人"区域来显示密件抄送字段。将每一个电子邮件地址放置到这个区域内，每个收件人将只能看见他或者她自己的电子邮件地址，而不是那些其他密件抄送接收人的地址。（他们也将能看见你的电子邮件地址，无论是在"发件人"区域还是在"收件人"区域。）

项目 25：直接从你的 iPhone 上进行演讲

如果你进行商务出差，有机会需要进行演讲。如果你随身携带一台笔记本电脑，这很好，因为这仍然是进行演讲的最佳工具。但是，如果你只有你的 iPhone 的话，不用担心——你可以使用它进行精彩的演讲。你将只需要做一点准备以及装备好正确的应用程序和数据线。

在本节中，我们首先将浏览从你的 iPhone 进行演讲的选项，然后我们将看一看如何使用每个选项。

选择你将如何进行你的演讲

首先，选择一下你将如何进行你的演讲。你有 3 个主要的选项。

❑ 使用物理连接将你的 iPhone 连接到一台投影仪、显示器或者电视上。这种做法就像使用一台笔记本电脑一样，并且很适用于标准演讲情况——例如，向一群在同一个屋子里观看同一个窗口的人进行演讲。进行演讲的最好应用程序是苹果公司的 Keynote，你也可以用它来创建和编辑演示文稿。

❑ 使用无线连接将你的 iPhone 连接到一个或者更多的笔记本电脑或者台式机上。这种方法不需要数据线，并且让你可以通过无线网络在广播距离内从一台或者更多计算机上将演示文稿发送到一个网页浏览器上。你不能在你的 iPhone 上使用 Keynote 来这样做——相反，你需要使用一个第三方应用程序。你的演示文稿被限制为 PDF 文件或者照片。

❑ 在 Mac 上将你的 iPhone 作为一个 Keynote 的控制器来使用。使用这个方法，你将使用你的 iPhone 来控制演示文稿，但是演示文稿实际上是在一台连接到一台投影仪、显示器或者电视上的 Mac 上运行。

在接下来的章节里面，我们将讨论这些可能性。

使用 Keynote 和一个投影仪、显示器或者电视来进行演讲

在本节中，我们将来看一下如何在你的 iPhone 上使用苹果公司的 Keynote 进行演讲。你将需要将你的 iPhone 连接到你将要展示演示文稿的投影仪、显示器或者电视上。

添加 Keynote 到你的 iPhone 上

如果你还没有 Keynote 的话，第一个步骤就是将它添加到你的 iPhone 上。转到苹果商店，无论是在你的 iPhone 上，还是在你的计算机上使用 iTunes，购买 Keynote（它需要花费 9.99 美元），然后下载并安装它。

准备你的演示文稿

接下来，准备你的演示文稿。通常，你将想要使用下面其中之一的方式。

❑ 在 Mac 上的 Keynote 里创建演示文稿。当演示文稿已经准备好使用的时候，你可以通过使用 iTunes 的文件共享功能来将它传输到你的 iPhone 上。

❑ 在 Windows 系统中或者 Mac 上的 PowerPoint 中创建演示文稿。在这种情况下，你也可以通过使用 iTunes 的文件共享功能来将演示文稿传输到你的 iPhone 上。

❑ 在你的 iPhone 上的 Keynote 里创建演示文稿。iPhone 上的 Keynote 为在小窗口上创建演示文稿提供了令人吃惊的优良性能。想要开始一个新的演示文稿，点击在窗口左上角的"新建（＋）"按钮，在弹出的面板上点击"创建演示文稿"按钮（见图 3-28 左侧），然后

在"选择一个主题"窗口上点击你想要的主题（见图 3-28 右侧）。

图 3-28　在"选择一个主题"窗口，点击你想要在新建演示文稿上作为基础的主题

 高级技术达人

仔细检查任何你导入到 iPhone 版的 Keynote 里的演示文稿

在你将一个演示文稿导入到 iPhone 版的 Keynote 以后，始终要密切检查一下。尽管 Keynote 支持尽可能多的 iWork 团队能够装进去的功能，但是，它不支持它的前一代，Mac 版本的 Keynote 的所有功能，更不要说 PowerPoint 的所有功能了。

下面有 3 个例子。

❑ 字体。当 Keynote 没有演示文稿所使用的字体时，Keynote 会用一个相似的字体来替代。除非你非常执着于设计（或者你的观众是这样的），这个替换通常没有什么差别。

❑ 3D 图表。iPhone 版的 Keynote 不支持 3D 图表，所以它将它们转换成 2D 图表。

❑ 构建顺序。Keynote 可能会在一些幻灯片上改变对象的构建顺序，这可能会导致一些有趣的意外。

所以，在你导入了一个演示文稿以后，浏览一下，并确保每张幻灯片看起来都是不错的。

将你的 iPhone 连接到一个投影仪、显示器或者电视上

如果你准备从你的 iPhone 上直接进行一个传统的演讲，你需要将 iPhone 连接到一个投影仪、显示器或者电视上。（我们将忽略在你的 iPhone 的窗口上向很少的人展示演示文稿——你知道该怎么做到这一点。）

想要将你的 iPhone 连接到一个投影仪、显示器或者电视上的话，你需要正确种类的数据线。这些是你最可能需要的 3 种类型数据线：

❑ 苹果的数字 AV 适配器。这个短短的数据线在一端有一个底座连接器，并且在另外一

端有一个 HDMI 端口和一个底座连接器端口。你将底座连接器插入到你的 iPhone 上，然后，将一根 HDMI 数据线插在数据线的另外一端以及你的电视上。你可以将你的 iPhone 的 USB 数据线连接到底座连接器端口来为 iPhone 充电。

如果你不得不在 HDMI、VGA 以及复合线之间进行选择的话，每次都选择 HDMI，因为它将为你提供更高的质量。

☐ 苹果的 VGA 适配器。这根短数据线在 iPhone 的一端有一个底座连接器，在另外一端则有一个凹形的 VGA 连接器，你可以将一个从投影仪或者显示器上拉出的标准 VGA 数据线连接到它上面。

☐ 苹果的复合 AV 适配器。这根数据线在一端有一个底座连接器，并且在另外一端有 3 个 RCA 插头——红色和白色的连接器是为音频频道准备的，还有一个黄色的连接器是为视频准备的。RCA 一端也有一个 USB 数据线，它是用来为 iPhone 充电的。使用这根数据线来连接到一个带有复合视频插孔的电视上。

在你将你的 iPhone 连接到一个输出设备上以后，Keynote 会像镜像一样出现在上面。所以，当你在你的 iPhone 上改变幻灯片的时候，新的幻灯片也会出现在输出设备上。

在 iPhone 上进行你的演讲

想要在 iPhone 上进行演讲的话，在 Keynote 中打开演示文稿，显示第一张幻灯片，然后点击"播放"按钮。

演示文稿会在你的 iPhone 窗口上以及你已经将 iPhone 连接的窗口上同时开始播放。你可以通过在窗口上任何地方点击或者在窗口上用手指从右滑到左来显示下一张幻灯片。如果你需要显示上一张幻灯片，在窗口上从左滑到右。

想要结束演示文稿，在窗口上用两个手指向内捏一下。

通过无线网络将你的 iPhone 连接到一个或者多个计算机上

当你不能使用 Keynote 或者在你的 iPhone 和一个投影仪、显示器或者电视之间不能建立物理连接的时候，你可以通过无线网络连接来进行演讲。使用无线网络连接也可以使你能一次在多台窗口上同时进行演讲，这对于实验室或者教室的情况是很有用的。

在撰写本文的时候，使用这种无线连接的最好方法是 AirProjector，你可以在苹果商店上以 2.99 美元来购买它。先试一试免费版本的——AirProjectorFree，来看一下它为你工作的情况，然后，如果你需要的话，再转成完整版本的。

AirProjector 使你能够在一台笔记本电脑或者台式机上的浏览器中广播来自于你的 iPhone 的 PDF 文件或者照片。你可以使用那台计算机的窗口，或者将那台计算机连接到一个投影仪上来进行一个大窗口的文稿演示。你只需在网页浏览器中输入 AirProjector 正在 iPhone 上使用的 IP 地址和接口号。然后，浏览器就会显示你在 iPhone 窗口上显示的照片或者 PDF 文件。

将你的 iPhone 当作 Mac 的远程控制器使用

如果你在一个 Mac 上进行文稿演示的话，你可以把 iPhone 当作一个远程控制器使用。

想要这样做的话，从 iTunes 商店下载并安装 Keynote 远程应用程序（它需要花费 0.99 美元），搜索"Keynote 远程"，你很快就会发现它。

一旦你已经安装好这个应用程序，找到它——你将会发现它以"远程"出现，而不是"Keynote 远程"——然后运行它。你首先将会看见一个窗口告诉你你还没有连接到 Keynote，见下面插图左侧。点击"连接到 Keynote"按钮。然后，Keynote 远程会自动显示"设置窗口"，见下面插图右侧。

想要设置连接到 Keynote，请按照如下步骤操作。

1. 在"设置"窗口上点击"新建 Keynote 连接"按钮。Keynote 远程会显示"新建连接"窗口，其中包含了一个用于连接到 Keynote 的新密码。

2. 在你的 Mac 上打开 Keynote，如果它已经在运行的话，切换到 Keynote。

3. 在 Keynote 中，选择"Keynote｜首选项"来显示"首选"项窗口。

4. 单击"远程"标签来显示它的内容，见下图。你的 iPhone 应该在它的右边出现一个"连接"按钮。

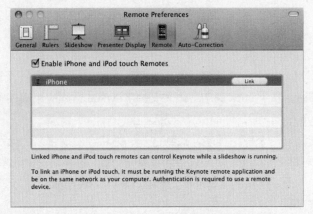

5. 确保"启动 iPhone 以及 iPod touch 远程"复选框是被选中的。

6. 单击你的 iPhone 的"连接"按钮来显示"为 iPhone 和 iPod touch 添加远程"对话框（见下图）。

7. 输入远程应用程序正在显示的密码。Keynote 会检查密码，然后自动关闭"为 iPhone 和 iPod touch 添加远程"对话框。你的 iPhone 会在首选项窗口的远程标签上与一个"断开连接"按钮一起出现。

8. 单击"关闭"按钮（那个红色按钮）来关闭"首选"项窗口。

第 4 章

安全性以及故障排除技术达人

在本章中，我们将着眼于如何保护你的 iPhone 来防止盗窃和入侵，如何在你丢失它的时候进行跟踪，以及在你不能恢复你的 iPhone 之时，如何从上面抹掉数据。

我还将告诉你如何处理家庭范围内的问题。我们将考虑你在潮湿或者肮脏环境下安全使用 iPhone 的选项，对软件和硬件故障进行排除，如果它的软件被搞砸了或者你需要出售它的时候，如何将你的 iPhone 恢复成出厂设置。

项目 26：保护你的 iPhone，防止盗窃和侵入

iPhone 不仅融入了目前最先进的技术，而且包含了你最珍贵的私人秘密以及商业情报，对于盗贼来说是一个诱人的目标，他们知道可以很轻松地将它或者它所包含的数据卖掉来换取一大笔钱。所以，无论你在公共场合如何紧紧握牢你的 iPhone，还是在家如何将它仔细藏好，你都需要有效地确保它的安全以免将它丢失。

将你的 iPhone 锁在银行中的一个防火并且防水的保险箱里可能会确保它的自身安全，但是，它对于你来说将没有任何用处。既然你需要时刻随身携带你的 iPhone，就要保护你的 iPhone，包括阻止其他人访问它上面的数据。

这里有两个主要的方式来保护你的 iPhone 上的数据：

❑ 设置你的 iPhone 在你停止使用不久后锁定自己。

❑ 需要输入密码来解锁 iPhone。如果需要的话，可以让你的 iPhone 在有人连续很多次输入错误密码后，抹掉它上面的数据。

如果你允许 iPhone 被其他人使用的话，你可以设置用户在 iPhone 上可以进行哪些操作的限制。想要应用限制的话，选择"设置｜通用｜访问限制"，点击"启动访问限制"按钮，输入一个密码来保护限制，然后在限制条件窗口上选择详细信息。例如，你可以防止其他用户安装应用程序，限制他们访问与年龄不符的电影以及应用程序，并且阻止他们在游戏中心中添加好友。

设置你的 iPhone 自动锁定自己

首先，设置你的 iPhone 的自动锁定功能，来在你停止使用不久后自动锁定 iPhone。

想要设置自动锁定的话，请按照如下步骤操作。

1. 按下主键来显示主屏幕。

2. 点击"设置"图标来显示"设置"窗口。

3. 向下滑动到第三个框，然后点击"通用"按钮来显示"通用"窗口。

4. 向下滑动到窗口的底部，然后点击"自动锁定"按钮来显示"自动锁定"窗口（见图 4-1）。

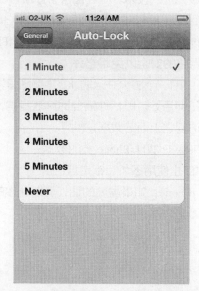

图 4-1　在自动锁定窗口上，根据你使用 iPhone 的方式选择尽可能短的自动锁定时间间隔

5.　点击代表你想要使用的时间间隔的按钮：1 分钟、2 分钟、3 分钟、4 分钟、5 分钟或者永不。时间间隔越短，安全性越高，所以，试一下 1 分钟的设置，并且看一下它是否适合你。

6.　点击"通用"按钮来返回到"通用"窗口。

> 当 iPhone 没有锁定的时候，你也可以在任何时间点通过按下"睡眠/唤醒"按钮来锁定你的 iPhone。想让你的 iPhone 在你将它设置为"睡眠"的那个时候锁定，将"需要密码"设置设定为"立即"（将在本章后面的内容中讨论）。

用一个密码锁来保护你的 iPhone

接下来，用一个密码锁来保护你的 iPhone。这个密码是每次你在锁定窗口上解锁 iPhone 时必须输入的一个字符序列。附近的侧边栏"在一个简单密码和一个复杂密码之间进行选择"揭示了密码的来龙去脉。

> 如果你的公司或者组织为你提供了一台 iPhone，管理员可能会应用一个配置文件来迫使你在 iPhone 上使用密码。如果你发现你无法改变你的 iPhone 上的密码设定，你就会知道它已经安装了一个配置文件。

高级技术达人

在一个简单密码和一个复杂密码之间进行选择

你可以使用一个简单密码或者一个复杂密码来保护你的 iPhone：

- ❑ 简单密码。4 位数字——例如 1924。这是默认的类型，并且它很适用于一般用途。
- ❑ 复杂密码。可变数目的字符，其中包括字母以及带有数字的其他符号。

一个复杂密码比一个简单密码能提供更高等级的安全性。

- ❑ 你可以设置一个更长的密码。较长的密码更难被破解，因为它包含了更多的字符。即使这个密码只是由数字而不是非字母数字的字符组成的，这也是真的。
- ❑ 你可以使用字母。混合使用字母以及数字可以极大地增加密码的强度，哪怕密码很短。
- ❑ 你可以使用非字母和数字的字符。包含非字母和数字的字符（例如符号——&*#$！

等）更能增加密码的强度。

输入密码窗口会提示你 iPhone 正在使用的密码是一个简单密码还是一个复杂密码。对于一个简单的密码来说，输入密码窗口会显示 4 个框以及一个数字键盘（见下面插图左侧）。对于一个复杂的密码来说，输入密码窗口会显示一个文本框以及一个全键盘（见插图右侧）。

究竟你应该使用一个简单密码还是使用一个复杂密码，取决于你觉得需要多高的安全性。每次解锁的时候不得不输入一个很长的密码，将使你很难快速地记下笔记，并且无法让 iPhone 充分发挥它的全部潜能。

在决定使用哪种类型的密码的时候，请牢记这些因素：

❑ 使用自动抹掉功能以后，一个简单的密码也可以足够强大。给予足够多的时间和尝试次数，任何人都可以解开一个简单的密码，他们只需要枯燥无味地一个一个尝试 10000 个可能的数字，直到他们猜中那个数字。你的 iPhone 可以通过在一段可以增加的时间——1 分钟、5 分钟、15 分钟、60 分钟等内禁用自身来使这种方法难以奏效（见下面插图）。一旦你的 iPhone 可以再次输入密码，一个执着的攻击者会持续输入，但是，如果你将你的 iPhone 设置为在几次输入错误密码以后自动抹掉它的数据的话，你的数据将会十分安全——除非你设置了一个攻击者可以猜出来的私人数字（例如，你的出生年份，这是一个很流行但是却很让人遗憾的密码）。

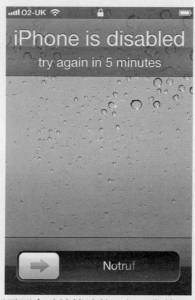

☐ 如果使用一个复杂密码的话，你可能不需要自动抹掉功能。如果你使用了一个一定长度的复杂密码（比如说 8 个或者更多字符），并且它同时包含了字母、数字和非字母和数字字符的话，你可能会觉得你的 iPhone 已经足够安全，以至于不需要自动抹掉。但是，如果你的 iPhone 里的内容非常有价值或者非常重要，你将可能还是会想要使用自动抹掉功能。

☐ 一个复杂密码可以比一个简单密码更短。因为一个复杂密码的输入密码窗口没有给出密码长度的提示，你可以通过使用一个很短，而且只有字母的密码（例如，aq）来迷惑攻击者，而不是无数只试图用胡乱敲击来敲击出"哈姆雷特"的猴子中的某只的作品片段（注：一个典故）。像这样一个简短的密码让你可以轻松地记住和输入它，所以你可以设置很少的失败尝试设置次数来编织一个安全网。

想要设置你的密码锁定以及自动抹掉功能（如果你想要的话），请按照如下步骤操作。

1. 选择"主键｜设置｜通用"来在"设置"中打开"通用"窗口。

2. 向下滑动，直到你看见以"自动锁定"按钮开始的那一个框。图 4-2 中的左侧窗口显示了通用窗口的这一部分。

3. 点击"密码锁定"按钮来显示"密码锁定"窗口（见图 4-2 右侧）。

4. 如果你想使用一个简单密码的话——4 个数字——确保"简单密码"开关被设置为开启位置。如果你想通过一个复杂密码来将你的 iPhone 紧紧锁住的话，将"简单密码"开关移动到关闭位置。

图 4-2 在"通用"窗口（左侧）上，点击"密码锁定"按钮来显示"密码锁定"窗口（右侧）

5. 点击"打开密码"按钮来显示"设置密码"窗口。对于一个简单密码来说，你将会看见"设置密码"窗口（见图 4-3 左侧）；而对于一个复杂密码来说，你将会看见不同的"设置密码"窗口（见图 4-3 右侧）。

图 4-3 在"设置密码"窗口上，输入一个简单的 4 位数字密码（左侧）或者一个如你喜欢的
长度的复杂密码（右侧）

6. 为密码点击数字或者字母：

❏ 简单密码。当你已经输入了 4 个数字以后，你的 iPhone 会自动显示"设置密码：再次输入你的密码"窗口。

❏ 复杂密码。当你需要使用数字和一些符号键盘的时候，点击".?123"按钮。在这里，你可以点击"#+="按钮来获取其余符号、标点符号以及货币字符。当你输入完密码以后，点击"下一步"按钮来显示"设置密码：再次输入你的密码"窗口。

7. 再一次点击代表密码的数字或者字母；对于复杂密码来说，当你完成的时候，点击"完成"按钮。你的 iPhone 会再一次显示"密码锁定"窗口。这个时候，所有的选项都已经启动了（见图 4-4 左侧）。

8. 看一下"需要密码"按钮来看看密码需要在多长时间内会生效：立即、1 分钟以后、5 分钟以后、15 分钟以后、1 个小时以后或者 4 个小时以后。如果你需要改变设置，请按照如下步骤操作。

a. 点击"需要密码"按钮来显示"需要密码"窗口（见图 4-4 右侧）。

图 4-4　在你设置了一个密码以后，"密码锁定"窗口上的其他选项就可以使用了（左侧）；点击"需要密码"按钮来显示"需要密码"窗口（右侧），你可以在上面设置在多久的时间间隔后，你的 iPhone 会需要密码解锁

b. 点击代表你想要使用的时间间隔的按钮。

c. 点击"密码锁定"按钮来返回"密码锁定"窗口。

对于"需要密码"设定来说，"立即"选项是迄今为止最安全的，因为它会在你将你的 iPhone 放置为睡眠或者自动锁定功能运行的那一刻锁定 iPhone。但是，如果你常常将你的 iPhone 设置睡眠，然后立即想起另外一些你想要记录的事情，你可能会发现"1 分钟以后"选项是一个更好的选择，因为它能够让你解锁你的 iPhone，并立刻记录下新的项目。

9. 将"密码锁定"窗口上的"Siri"开关移动到关闭位置来防止 Siri 在你的 iPhone 被锁定的情况下运行。

想要保护你的 iPhone 和你自己，你必须阻止 Siri 绕过锁定窗口。否则，任何可以和你的 iPhone 轻易地说话的人可以代替你进行很多操作——从像浏览网页这样的无害行为到打电话、发送即时信息以及电子邮件的潜在危害行为。

10. 如果你想让你的 iPhone 在输入密码错误 10 次后抹掉它的内容，点击"抹掉数据"开关，并将它移动到开启位置。然后在出现的确认对话框中点击"启动"按钮（见下图）。

项目 27：在潮湿或者肮脏的环境中安全地使用 iPhone

想要时刻与你的联系人保持联系，并且掌控你的生活，你可能无论在哪里都或多或少想要随身携带你的 iPhone。包括很多潮湿、肮脏或者两者都有的地方。

你的 iPhone 很怕水，甚至超过它怕摔，并且，这也不是很大的瑕疵——所以，你将需要保护它。对于大多数人来说，这意味着使用一个保护套。

你可以在实体商店（例如苹果商店或者百思买）以及数量多得惊人的各种在线商店中找到各种各样的保护套。如果你在如亚马逊或者 eBay 这样的主流网站上大量的保护套中找不到你想要的，你可以在互联网上搜索，或者可以访问保护套制造商，例如 OtterBox（ www.otterbox.com ），Speck Products（ www.spekproducts.com ），Marware（ www.marware.com ），RadTech（ www.radtech.com ）或者 DecalGirl（ www.decalgirl.com ）。

　　如果你需要保持你的 iPhone 是干爽的，第一个问题就是你需要的保护套是抗水的还是完全防水的。你可以发现很多保护套对于通常使用都是足够抗水的，但是，会使你的 iPhone 上的端口和按钮很容易接触到水。例如，很多保护套使用橡胶塞来保护耳机插孔、相机镜头、静音开关以及底座连接器端口。当你需要使用端口、开关或者镜头的时候，你可以很轻易地拔出橡胶塞，当橡胶塞插在里面的时候，它可以将雨水、溅水或者灰尘阻挡在 iPhone 之外。但是这个方法只是抗水的——它不是防水的。

　　如果你实际上需要的是能够确保你的 iPhone 掉在水中的时候不需要悲伤或者花费来修，你需要的是下一步——一个完全防水的壳、包或者盒子，你可以将 iPhone 放在其中来防水。

　　这里有 3 个防水 iPhone 保护壳的来源：

　　❏ Amazon.com。在撰写本文的时候，亚马逊网站提供了各种各样的保护壳，其中包括了 Keynote ECO 防水保护壳（大概 39.99 美元）、PaleKai（大概 45 美元）以及适用于苹果 iPhone 4/4S 的防水保护壳（标价 99.99 美元，但是通常可以以更低的价格购买到）。

　　　　　　阅读一下亚马逊网站上的买方评价来清楚地了解一个特殊的保护壳到底有什么好，它如何实现它的承诺以及它的弱点是什么。

　　❏ 防水的 iPhone 保护壳。正如它的名字暗示的，这个网站（ www.waterproofhonecase.net/ ）是专业制作 iPhone 保护壳的，例如，麦哲伦防水 iPhone 坚硬保护壳（79.99 美元；它包含了一个内置电池和增强型 GPS）以及格雷斯数字音频 ECO 防水 iPhone 保护壳（大概 45 美元；它包含一个内置的扬声器）。

　　❏ eBay。如你所知，你可以在 eBay 上找到任何东西——并且它里面有很多声称是防水的保护壳。你可以同时找到高端保护壳，例如适用于 iPhone 4/4S 的 LifeProof 保护壳（大约 80 美元；也是在 www.lifeproof.com 上）以及低端保护壳。

高级技术达人
了解 IPX 认证的含义

当你在购买防水保护壳的时候，你将会看到认证编号，例如 IPX7 和 IPX8。在这里，IP

代表了进入保护——保护套对于想要阻止进入的东西提供了多少保护。下面的列表显示了
IPX 评级对于液体进入保护意味着什么。

IPX 评级	防护措施
1	垂直滴水
2	最高达 15° 的有角度滴水
3	最高达 60° 的有角度水喷雾
4	从任何方向的溅水
5	从任何方向的水流
6	强水流
7	防水深度最高达 1 米
8	防水深度超过 1 米

所以，如果你想要你的 iPhone 在掉进家庭用水的时候可以无恙的话，IPX7 评级已经覆
盖了你的要求。如果你准备带着你的 iPhone 游泳或者潜水的话，你将会需要 IPX8 评级，它
通常意味着这个保护套是密闭的。

在错误的地方，甚至一茶匙的水都可以毁掉你的 iPhone，所以你得确
认你可以相信你所购买的保护套。购买一个没名气的品牌可以节省金钱，
却会让你担心，所以，你可能还是要选择大品牌——也许是一个能够提供
品质保证的品牌。

如果这就是你所需要的，一个完全防水的保护套是很不错的，但是因为它们是密闭的，
这往往使连接到 iPhone 的端口很困难。在保护套中，你可以像往常一样使用窗口，并且通
过使用 AirPlay 来无线播放音乐，但是，你通常将需要拿走整个保护套或它的一部分来为
iPhone 充电。更大的防水保护套可以简单地快速打开，但是那些十分贴合的保护套却需要
时间和精力来移除。

如果你只需要在特定的场合确定你的 iPhone 是完全防水的话，你可能更喜欢下一种防
水类型：不是购买一个防水保护壳，而是购买一个防水包或者盒子，你可以将你的 iPhone
带着它现有的保护套（如果有的话）放在里面。如果你需要使用你的 iPhone，你将不得不
把它从包或盒子中拿出来。但是这种办法的优点是能保持 iPhone 干爽和舒适。

高级技术达人

检查你的 iPhone 刚刚变得多潮湿的简单方法

很多 iPhone 掉进了马桶里——大多数都是意外的，但有些是被小孩子扔进去的（YouTube 上的视频证明了这一点）。

苹果公司非常清楚你的 iPhone 在后空翻三周后像水獭一样光滑入水。你的 iPhone 的保修不包括液体损坏，并且，苹果公司已经找到了一种检查你是否拿水浸泡过你的 iPhone 的方法。

你的 iPhone 包含两个液体接触指标，它能使一个技术人员分辨出水是否进入过 iPhone。液体接触指标的其中之一被放在耳机端口里面，另外一个被放在底座连接器端口里面。当 iPhone 变得潮湿的时候，液体接触指标会变成红色。

如果你认为你的 iPhone 可能已经变得潮湿了——或者（让我们诚实一点）如果你的 iPhone 已经被弄湿了，你想知道有多么严重——首先，在耳机端口照入一束光，然后再在底座连接器端口照入一束。如果你看见了红色的话，你就会知道苹果公司不会维修或者更换你的 iPhone。

即使这样的话，也不是所有都会变没。试着将你的 iPhone 放置大约 3 天时间来使它干燥，不管是在一个温暖（但是不要太热）并且通风良好的地方，还是将它贴在一个由干燥剂包围成的巢中。如果你不能找到干燥剂包，可以在一个袜子中填上干燥的大米，并把你的 iPhone 包裹在袜子中。当你的 iPhone 完全干透以后，交叉你的手指，并且试一下是否能够打开它。

你可以为一台 iPhone 和它的保护套购买一个尺寸正好的个性化防水保护壳。例如，OtterBox 2000（大概 17.95 美元；www.otterbox.com）就是一个防水盒子，它足够大，以至于你可以将带有任何不大于 OtterBox 防护壳的保护套的 iPhone 放在里面。（大多数的 iPhone 保护壳都比防护壳小，所以，大多数都适合放在 OtterBox 2000 中——但是，如果你怀疑的话，还是试一下。）如果你需要携带一些装置的话，可以购买一个更大的 OtterBox 保护盒，它不仅能携带你的 iPhone，而且还可以装下你的照相机或者其他你需要保持干爽的装置。

如果你的需求很简单的话，装备一个密闭的塑料袋和三明治盒。无论哪个，都会在紧要关头起很大作用——并且你可能在厨房中有足够多的这两种东西来保持你的 iPhone 安全以及干燥，而不需要花一分钱。

项目 28: 软件和硬件故障排除

苹果公司已经使你的 iPhone 和它的操作系统 iOS，尽可能的稳定和可靠。但是即使这样的话，你还是可能时不时地会遇见软件和硬件问题。

这个项目向你展示了 5 种最基本的操作：

❑ 强制退出一个应用程序。当一个应用程序停止响应的时候，你可以强制它退出。

❑ 重启你的 iPhone。重启你的 iPhone 可以清除软件和硬件问题。

❑ 硬件还原。当重新启动不能解决问题的时候，你可以执行一次硬件还原。这在本质上是一种重启。它不会影响 iPhone 上的数据和设置。

❑ 软件还原。下一个阶段就是还原你的 iPhone 上的所有设置。这个操作会丢失你的自定义设置，但是不会影响你的数据。

❑ 抹掉所有的内容和设置。如果软件还原不能清除问题的话，你可以抹掉你的 iPhone 上所有的内容和设置。在你这样做之前，你需要同步你的 iPhone 或者（如果不能同步的话）保存任何只存储在 iPhone 上的内容。在抹掉所有的内容和设置以后，你可以将内容和设置同步回 iPhone 上。

除了这 5 种操作以外，就是责任最重的操作：将你的 iPhone 恢复成出厂设置。我将在下一个项目中告诉你如何操作，包括如果需要的话，如何让你的 iPhone 进入设备固件升级模式。

强制退出一个失去响应的应用程序

通常情况下，已经在你的 iPhone 上运行的应用程序会一直保持运行，直到你将 iPhone 关闭。

例如，你正在邮件应用程序中工作，并且你按下了主键来显示主屏幕，这样你就可以运行另外一个应用程序了。iOS 不会关闭邮件；相反，邮件会在后台（你看不到的位置）保持运行。当你在主屏幕上点击图标，或者使用快速切换功能回到邮件的时候，邮件会保持你离开时候的样子。所以，如果你留下了一个写了一半的信息，它将会一直在那里等着你继续输入。

当你使用主屏幕切换到一个不同的应用程序，iOS 会在后台将你之前使用的应用程序保持暂停。当你回到应用程序的时候，你将会发现它之前在做什么，现在就在做什么。

如果一个应用程序停止响应的话，你可以通过强制退出来关闭它——换一句话说，强制它退出。想要强制退出一个程序，请按照如下步骤操作。

1. 快速地连续按下主键两次来显示应用程序切换栏。

2. 如果你想要强制退出的应用程序没有出现在应用程序切换栏显示的第一个窗口上，向左滑动或者向右滑动，直到你看见它为止。

3. 在应用程序切换栏中点击并按住这个应用程序的图标，直到图标开始抖动，并且一个"关闭"按钮（一个红色的圈，并有一个水平的白色横条穿过它）出现在每个图标的左上角（见下图）。

4. 点击这个应用程序的"关闭"按钮。

5. 按下主键来让图标停止抖动。

重启你的 iPhone

如果你的 iPhone 没有稳定运行的话，试试重启它。请按照如下步骤操作。

1. 长按"睡眠/唤醒"按钮，直到窗口显示一个"移动滑块来关机"的信息。

2. 点击这个滑块，并将它拖曳到右侧。iPhone 就会关机。

3. 等几秒钟，然后再一次按卜"睡眠/唤醒"按钮。按住这个按钮 1～2 秒，直到一个苹果标志出现。然后，iPhone 就会启动。

执行一次硬件还原

如果你不能像前一节中描述的那样重启你的 iPhone 的话，试一下硬件重置。同时按住"睡眠/唤醒"按钮和主键大概 10 秒钟，直到苹果图标出现在窗口上，然后放开它们。这样iPhone 就会重启。

执行一次软件还原

如果执行一次硬件还原（如前面一节中描述的那样）不能清除问题的话，你可能需要执行一次软件还原。这个操作会还原 iPhone 的设置，但是不会从你的 iPhone 上抹掉你的数据。

想要执行一次软件还原的话，请按照如下步骤操作。

1. 按下主键来显示主屏幕。

2. 点击"设置"图标来显示"设置"窗口。

3. 向下滑动到第三个框，然后点击"通用"按钮来显示"通用"窗口。

4. 向下滑动到底部，并且点击"还原"按钮来显示"还原"窗口（见图 4-5 左侧）。

5. 点击"还原所有设置"按钮，然后在确认对话框（见图 4-5 右侧）中点击"还原所有设置"按钮。

然后你的 iPhone 就会重新启动。当它再次运行的时候，在主屏幕上点击"设置"按钮来打开"设置"应用程序，并且开始选择对你来说最重要的设置。例如，连接到一个无线网络，设置窗口亮度，选择接收哪种通知。

图 4-5　在"还原"窗口（左侧）上点击"还原所有设置"按钮，然后，在确认对话框（右侧）
中点击"还原所有设置"按钮

在你的 iPhone 上抹掉所有内容和设置

如果软件还原都不能修复问题的话，试一下抹掉所有的内容和设置。在你这么做之前，移走任何你已经在你的 iPhone 上创建并且还没有同步的内容——假设你这样做的话，iPhone 还能工作正常。例如，将任何你已经在 iPhone 上书写的笔记通过电子邮件发给你自己，或者将 iPhone 同步到计算机上来传输任何你用它的摄像头拍摄的照片。

想要抹掉内容和设置的话，请按照如下步骤操作。

1. 按下主键来显示主屏幕，除非你已经在那里了。

2. 点击"设置"图标来显示"设置"窗口。

3. 向下滑到第三个框，然后点击"通用"按钮来显示"通用"窗口。

4. 点击"还原"项目来显示"还原"窗口。

5. 点击"抹掉所有内容和设置"按钮，然后在第一个确认窗口上点击"抹掉 iPhone"按钮。

6. 在第二个确认窗口上点击"抹掉 iPhone"按钮。（抹掉是后果非常严重的操作，以至于 iPhone 需要你确认两次。）

在抹掉所有的内容和设置以后，同步 iPhone，并且将内容和设备重新下载到它上面。

项目 29：将你的 iPhone 恢复成出厂设置

如果你的 iPhone 的软件被弄得很糟的话，你可能需要将它恢复成出厂设置。

将 iPhone 恢复成出厂设置会抹掉所有的第三方应用程序，只留下内置的应用程序——Safari 浏览器、邮件、照片、通知、照相机等。所以，在恢复成出厂设置以后，你将需要从你的计算机的备份中或者苹果商店中重新下载第三方应用程序。

想要恢复 iPhone 的话，请按照如下步骤操作。

1. 将 iPhone 连接到你的计算机上，等待它出现在 iTunes 中的源列表里。

2. 单击源列表中的"进入 iPhone"来显示 iPhone 控制窗口。

3. 如果"摘要"窗口还没有显示的话，单击"摘要"标签来显示它。

4. 单击"恢复"按钮。iTunes 会显示一个确认对话框，如下图所示，来确保你知道你正准备从你的 iPhone 上抹掉所有的数据。

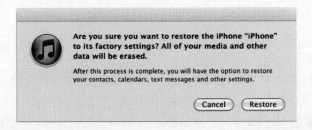

 如果一个新版本的 iPhone 软件是可用的，iTunes 会提示你恢复并更新你的 iPhone，而不仅仅只是恢复它。如果你想继续的话，单击"恢复并且更新"按钮；否则，单击"取消"按钮。

5. 单击"恢复"按钮来关闭信息框。iTunes 会抹掉 iPhone 的内容，然后恢复软件，在它工作的同时会向你展示它的过程。

6. 在恢复过程的结尾，iTunes 会重启 iPhone。当它这么做的时候，iTunes 会在 10 秒钟左右的时间内显示一个消息信息框。单击"完成"按钮，或者让倒数计时器自动关闭消息框。

7. 在 iPhone 重新启动以后，出现在 iTunes 中的源列表里的不是带有标签的窗口，而是"设置你的 iPhone"窗口（见图 4-6）。

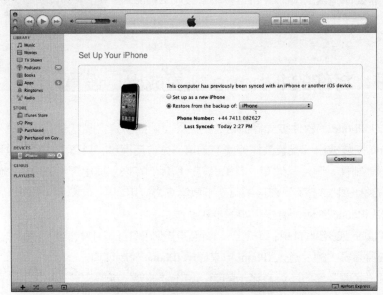

图 4-6 还原了 iPhone 的软件以后，你可能需要从备份中恢复你的数据；另一种方法是将 iPhone 设置为一个新的 iPhone

8. 想要恢复你的数据的话，确保"从备份恢复"按钮被选中，并且验证出现在下拉列表中的 iPhone 信息是否正确。

9. 单击"继续"按钮，iTunes 会恢复你的数据，然后重新启动 iPhone，当它这么做的时候，会显示另外一个倒数信息框。单击"完成"按钮，或者让倒数计时器自动关闭信息框。

10. 在重新启动后，iPhone 会出现在 iTunes 的源列表中，你就可以像往常一样使用它了。

高级技术达人
从还原失败中恢复的秘诀

有些时候，当你像正文中描述的那样尝试还原你的 iPhone 的时候，还原操作可能会出现下列问题：

▢ iPhone 会显示"连接到 iTunes"窗口（见插图），但是，当你连接 iPhone 的时候，它并没有出现在 iTunes 中。

▢ 你的 iPhone 保持重新启动状态，但是它并没有回到主屏幕上。

▢ 你的 iPhone 在还原操作中停止响应。窗口上可能只会显示一个苹果图标或者苹果图标以及一个已经停止移动的进度条。

如果你遇见了这些问题中的任何一个，试一下使用恢复模式。请按照如下步骤操作。

1. 将 USB 数据线从你的 iPhone 上断开。

2. 按住 iPhone 顶端的"睡眠/唤醒"按钮，直到"滑动滑块来关机"出现，然后点击那个滑块，并将它拖到右侧。iPhone 就会关机。

3. 当你将一根 USB 数据线插入 iPhone 的底座连接器端口的时候，按住主键。你将会看见 iPhone 启动。

4. 继续保持按住主键，直到你的 iPhone 显示"连接到 iTunes"窗口（如这个侧边栏前面所示），然后释放主键。

5. 等待一会儿，直到 iTunes 出现"恢复模式"对话框（见下图）。

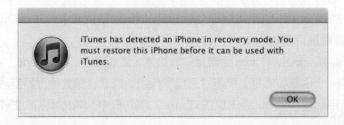

6. 单击"完成"按钮（它是唯一的选项）。iTunes 会显示 iPhone 控制窗口（见下图）的摘要选项卡，只有"还原"按钮是可用的。

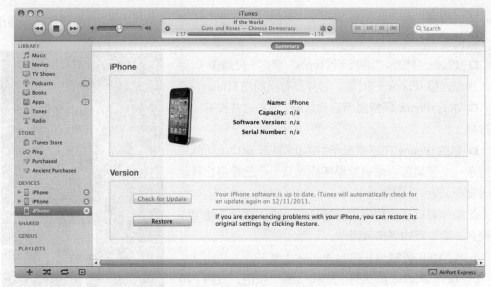

7. 单击"还原"按钮，然后遍历还原 iPhone 的过程。

项目 30：追踪你的 iPhone，无论它漫游到任何地方

如果你将 iPhone 弄丢或者有人将它偷走了的话，你的 iPhone 的"寻找我的 iPhone"功能能让你一直追踪你的 iPhone。你可以在 iPhone 上显示一条信息——例如，让任何发现 iPhone 的人给你打电话来安排归还事宜——或者如果你发现再也拿不回它的话，你可以远程在 iPhone 上抹掉数据。

在撰写本文的时候，"查找我的 iPhone"功能也对苹果公司的 MobileMe 服务的订阅用户起作用。但是，苹果公司已经声明了他们会在 2012 年 6 月 30 日关闭 MobileMe，不再销售 MobileMe 订阅，并且鼓励 MobileMe 订阅用户转到 iCloud。

想要使用"查找我的 iPhone"功能的话，你必须拥有一个苹果账号。如果你已经有一个 iCloud 账户，你可以开始设置。如果你还没有苹果账号的话，你可以在一两分钟之内建立一个。

 如果你在其他人使用的 iPhone 上应用了这一功能的话，你也可以使用 "寻找我的 iPhone"来追踪那台 iPhone。例如，你可能想要关注你的孩子在 哪里，或者能够定位一位雇员（至少是这个雇员的手机）。

打开"查找我的 iPhone"

想要打开"查找我的 iPhone"的话，请按照如下步骤操作。

1. 按下主键来显示主屏幕。

2. 点击"设置"图标来显示"设置"窗口。

3. 向下滑动到第三个框，这个框以"通用"按钮开始。

4. 点击"iCloud"按钮来显示 iCloud 窗口：

❑ 如果你还没在你的 iPhone 上设置一个 iCloud 账号的话，你将会看见一个如图 4-7 左 侧图像一样的窗口。输入你的苹果账号和密码，然后点击"登录"按钮。

图 4-7　如果你还没在你的 iPhone 上设置 iCloud 的话（左侧），输入你的苹果账号和密码或者创建 一个新的苹果账号；在你设置完 iCloud 以后，你将会看见可用的服务（右侧）

如果你还没有苹果账号的话，在 iCloud 窗口的底部点击"获得一个免费的苹果账号"按钮，然后遍历过程来建立 iCloud 账户。当你这样做完以后，使用苹果账号来登录。

☐ 当你已经在你的 iPhone 上设置好你的 iCloud 账户（并且登录）以后，你将会看见一个如图 4-7 右侧所示的窗口。

5. 向下滑动到窗口的底部。

6. 点击"查找我的 iPhone"开关，并将它移动到开启位置。你的 iPhone 会显示一个对话框（见下图）来确认你想要你的 iPhone 被追踪。

7. 点击"完成"按钮来关闭确认对话框。

8. 点击"设置"按钮来返回到"设置"窗口。

使用"查找我的 iPhone"来定位你的 iPhone

在打开了"寻找我的 iPhone"以后，你可以从任何已经连接到互联网的计算机上或者设备上，在任何时间定位你的 iPhone。想要使用"查找我的 iPhone"定位你的 iPhone，请按照如下步骤操作。

1. 打开你的网页浏览器——例如，Windows 系统中的 Internet Explorer，Mac（或者在 Windows 系统上）上的 Safari，或者在任何操作系统上的 Firefox。

2. 转到 www.icloud.com。

3. 使用你的苹果账号登录，iCloud 主屏幕就会出现（见图 4-8）。

图 4-8 在 iCloud 主屏幕上，单击"寻找我的 iPhone"图标

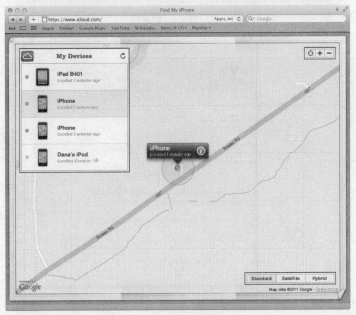

图 4-9 在"寻找我的 iPhone"窗口上，转到"我的设备"列表框，并且单击你想要定位的
iPhone 或者其他 iOS 设备

4. 单击"寻找我的 iPhone"图标来显示"寻找我的 iPhone"窗口（如图 4-9 所示）。

5. 在"我的设备"列表框中，单击你想要定位的 iPhone 或者其他 iOS 设备。只要"寻找我的 iPhone"能够追踪你的 iPhone，它的位置就会出现在它所在区域的一张地图上。

 如果你的 iPhone 是你唯一的 iOS 设备，它将已经在"我的设备"列表框中被选中。

6. 如果需要的话，改变地图的显示方式，这样你就可以更好地看清位置：

☐ 单击在"寻找我的 iPhone"接口的右上角的"中心"按钮（一个圆圈图标，看起来就像一个瞄准镜一样）来将 iPhone 的位置放到地图的中心。

☐ 单击"+"按钮来进行放大，或者单击"-"按钮来进行缩小。

☐ 单击"标准"按钮来显示一个如图 4-9 所示的标准地图。

☐ 单击"卫星"按钮来显示一个卫星图像的地图。

☐ 单击"混合"按钮来显示一个带有标准地图名称的卫星地图。

7. 单击"iPhone 位置"按钮上的"i"按钮来显示信息对话框（见下图）。然后，你就可以像下一个项目中描述的那样对你的 iPhone 采取行动了。

项目 31：在你的 iPhone 丢失或者被偷走以后锁定 iPhone 或者抹掉上面的内容

正如你在前面章节中看见的那样，当你的 iPhone 丢失的时候，你可以使用"寻找我的 iPhone"功能来定位它。

一旦你知道了你的 iPhone 的物理位置，你将可能想要知道它发生了什么以及你应该做什么。例如：

▢ 如果你意识到你在你的车中或者办公室中丢失了你的 iPhone 的话，你可以取消 APB，并且去拿回它。

▢ 如果你看见你的 iPhone 正随着你的配偶在通常去工作的路上，你可以在 iPhone 上发送一条信息，让他或她回来并把 iPhone 带回来。

▢ 如果你发现你的 iPhone 已经进入了未知区域的话，你将可能想要确认它是锁定的，然后发送一条信息到上面，如果你没有得到一个积极的回应的话，你可以抹掉 iPhone 上的数据。

在接下来的章节中，我们将反过来看一看你的选项。

使用一个密码锁定你的 iPhone

如果你之前没有使用一个密码来锁定你的 iPhone，或者你发现当有人捡到它的时候已经解锁了。你第一个想要做的通常就是锁定你的 iPhone。

想要使用密码来锁定你的 iPhone，请在"寻找我的 iPhone"窗口上按照如下步骤操作。

1. 单击在"iPhone 位置"按钮上的"i"按钮来显示信息对话框。
2. 单击"远程锁定"按钮来显示远程锁定对话框（见下图）。
3. 单击代表你想要应用的 4 个数字的按钮。
4. 单击"锁定"按钮来对 iPhone 应用密码。

密码几乎会立即生效——就如它通过互联网和空气传到你的 iPhone 上一样快速。

在你的 iPhone 上显示一条信息

"寻找我的 iPhone"功能可以提供的下一个能力就是在你的 iPhone 窗口上显示一条信息。你也可以选择是否在 iPhone 上播放一段声音来引起拿着 iPhone 的人或者它附近的人的注意，让他们看一下窗口。

想要在你的 iPhone 上显示一条信息，请在"寻找我的 iPhone"窗口上按照如下步骤操作。

1. 单击在"iPhone 位置"按钮上的"i"按钮来显示"信息"对话框。
2. 单击"播放声音或者发送信息"按钮来显示"发送信息"对话框（见下图）。

3. 在信息框中输入你的信息。例如，输入一条信息来要求找到手机的那个人拨打你的其他电话号码来商量归还的事宜。

4. 如果你想要播放一段声音的话，确保"播放声音"开关被设置为开启位置。

5. 单击"发送"按钮来发送信息以及播放声音（如果你选择这样做的话）。

远程抹掉你的 iPhone 上的内容

如果你已经用完能够拿回你的 iPhone 的其他选项的话，你可以抹掉它包含的数据来确保没有人能够看见它。

 将抹掉你的 iPhone 上的内容作为最后的手段，因为抹掉它们意味着你将不能定位 iPhone。除非你只是练习一下如何抹掉数据，或者你有特殊的运气，否则你将再也看不见你的 iPhone 了。

想要抹掉你的 iPhone 上的内容，请按照如下步骤进行操作。

1. 单击在"iPhone 位置"按钮上的"i"按钮来显示"信息"对话框。

2. 单击"远程抹掉"按钮来显示"抹掉 iPhone"对话框（见下图）。

3. 单击"抹掉 iPhone"按钮，并且向你的 iPhone 挥手告别吧。

对于 iPhone 来说，删除数据只是意味着简单地删除用来对数据加密的密钥。密钥非常小，所以这个删除过程只需要一眨眼的功夫。并且这只是让数据不可读，因为它仍然还在 iPhone 上。早期的 iPhone 往往通过在真实数据上书写垃圾数据来执行删除，但是这需要很长时间——对于一个高性能的 iPhone 来说可能最长要几个小时——并且在删除完成之前，你的 iPhone 可能就已经没电了。

第 5 章

蜂窝、无线和远程技术达人

到目前为止，在这本书中我们已经研究了音乐、照相、以及安全性。现在是时候将你的注意力转移到 iPhone 的蜂窝功能、无线网络连接以及远程控制你的计算机的能力上来了。

全球的大多数 iPhone 都被锁定到一个特定的运营商上——例如，在美国是 AT&T 或者 Verizon，在加拿大是 Rogers。我们开始尝试如何将 iPhone 从运营商上面解锁，这样你就可以将它连接到一个不同的运营商网络上了。

在这之后，我将会告诉你如何与计算机或者其他设备共享 iPhone 的互联网连接，这样不管你在哪里，你都可以在线获得它们，以及如何从你的 iPhone 上控制你的 PC 或者 Mac。

最后，你将会学习到如何在互联网上通过使用一个虚拟专用网络（VPN）让 iPhone 连接到公司网络上面，以及如何拨打 IP 语音电话，而不是普通手机呼叫。

项目 32：从运营商上解锁你的 iPhone

如果你从一个特定的运营商那里购买了 iPhone 的话，iPhone 就会被锁定到那个运营商的网络上。所以你不能只是退出当前的 SIM 卡（用户识别模块，这张卡为你的 iPhone 提供了它的手机认证），插入一张新的其他运营商的 SIM 卡，并且开始使用这个运营商的网络。相反，你需要解锁你的 iPhone，这样你就可以自由地使用它了。

如何解锁 iPhone 取决于你在哪个国家，你的 iPhone 现在被锁定到哪家运营商上，以及你正在使用的是哪种合约。因为解锁有很多种类，这个项目只介绍解锁 iPhone 的基本内容，将细节更多地留给了你。

 在决定解锁你的 iPhone 之前，请确保你明白锁定是如何工作的，以及解锁可能会造成哪些后果。

了解为什么大多数的 iPhone 都被锁定了

通常情况下，一个运营商只提供有锁版的 iPhone 来确保你在合约期间（也许是更长时间）内一直使用这个运营商的服务。正如你所知的，大多数的运营商销售 iPhone 的价格是在它的整体成本上进行了大幅度的折扣，然后向你收取一年或者两年的月计划使用费。在合约结束的时候，运营商已经赚回硬件的花费。

如果你想要避免一个很长的合约，你可以购买一个无锁版的 iPhone，在它上面安装一个你喜欢的 GSM 运营商网络的 SIM 卡，并且你可以使用尽可能长的时间，只要你愿意。前期的时候，一个无锁版的 iPhone 比一个有锁版的 iPhone 要贵很多——例如，在撰写本文的时候，一个无锁版的 64G iPhone 4S 在美国需要 849 美元，然而，你能以 399 美元的价格从 AT&T 购买一个有锁版的。但是长期的话，你可以通过只支付你需要的费用而非每月按照合约交固定的费用来节省金钱。并且，你可以在任何时候转售一个没有绑定合约的 iPhone。

 苹果公司只在某些国家出售无锁版的 iPhone；在撰写本文的时候，这些国家包括美国、加拿大和英国。但是，因为无锁版的 iPhone 是一种 GSM 制式的手机，你可以在任何有 GSM 运营商的国家使用它。所以，如果你在你的国家不能购买一个无锁版的 iPhone 的话，你可以从美国、英国或者加拿大供应商那里来购买。事先检查一下，看看是否你将需要支付进口关税，并把这些因素加到你的预算里。

了解 iPhone 锁定是如何起作用的

前文介绍的是运营商为什么会锁定 iPhone（以及其他手机）的原因——但是锁定是怎么起作用的呢？

锁定被称为 SIM 锁定，因为它使用 SIM 卡。一个运营商可以锁定 iPhone，让它只能接受带有经批准的国际移动用户识别码（IMSI）的 SIM 卡。例如，运营商可以锁定 iPhone，这样它将只能在 SIM 拥有运营商自己的网络代码的情况下才能使用。或者，运营商可以使用移动用户识别号码（MSIN——SIM 号码）来锁定 iPhone，这样它将只能在装有特定 SIM 卡的时候才能工作。

高级技术达人

无锁版的 GSM 手机不能使用 Verizon 公司和 Sprint 公司的服务

GSM 和 CDMA 是在蜂窝手机上使用的两种最广泛的技术制式。GSM 代表的是全球移动通信系统，而 CDMA 代表的是码分多址。

在撰写本文的时候，Verizon 公司和 Sprint 公司使用的是 CDMA，而不是 GSM。正因为如此，GSM 手机（例如无锁版的 iPhone 4S 和 iPhone 4 机型）在 Verizon 公司和 Sprint 公司将不能使用。

 苹果公司在 iPhone 上设置 SIM 锁定是因为苹果公司想要鼓励运营商支持 iPhone，并且大力销售。

了解解锁 iPhone 的方式

这里有 4 种解锁 iPhone 的主要方式：

❏ 让你的运营商用无线电来为你解锁。

❏ 从运营商那里得到主代码，然后自己解锁 iPhone。

高级技术达人

找到你自己的 IMEI

想要为你的 iPhone 解锁的话，你可能需要知道 iPhone 的国际移动设备识别码（IMEI）。这是一个对于你的 iPhone 来说唯一的 15 位十进制数字。

你可以在 iPhone 上找到你的 iPhone 的 IMEI，或者使用连接 iPhone 的 iTunes 来找到它。

在 iPhone 上，你有两种方式来找到 IMEI。第一种方式是按下主键，选择"设置｜通用｜关于"，向下滑动到第二个框的底部，然后找到 IMEI。第二种方式是打开"电话"应用程序，点击"按键"按钮，拨*#06#，点击"呼叫"按钮。IMEI 会出现在窗口的中央。

在 iTunes 中，按照如下步骤操作：

1. 在源列表中的设备类中单击"进入 iPhone"来显示 iPhone 的控制窗口。
2. 如果摘要窗口没有出现的话，单击"摘要"选项卡来显示它。
3. 在顶部框中，单击"手机号码读出"。iTunes 会显示"IMEI 读出"，（见下图）。

iPhone

Name: gPhone
Capacity: 57.42 GB
Software Version: 5.0.1
Serial Number: C39GJ4G4CTDM
IMEI: 012940201417776

4. 单击"IMEI 读出"来显示 ICCID 读出。这是集成电路卡 ID，最多 19 位的一组数字，它作为主要的账户号码来识别 SIM 卡。再一次单击显示手机号码。

用于解锁一个 iPhone 的主代码有些时候也被称为网络代码密码或者专利产品代码。

☐ 在计算机上运行软件，连接 iPhone，"越狱"你的 iPhone，然后再解锁。
☐ 将 iPhone 连接到一个硬件解锁设备上，并且解锁它。
我们将按照顺序来看一下每种可能性。

让运营商来为你解锁 iPhone

正如在本章前面讨论过的一样，获取一个无锁版 iPhone 的最简单的选项就是购买一个没有被锁定的 iPhone。这种方法需要非常大的前期花费，并且，如果你已经有一个 iPhone 的话，你可能不会再考虑它——至少，直到苹果公司发布下一代的 iPhone 之前。

下一种方式就是让运营商为你解锁 iPhone。如果这种方式对你是可行的话，请采取它——它远比摆弄软件解锁或者黑客 SIM 卡更好。

一些运营商（例如 AT&T）将不会解锁 iPhone。大多数会解锁 iPhone 的运营商只会在合约结束的时候或者需要支付巨额的费用才会解锁。在所有国家，让运营商为你解锁 iPhone 完全是合法的和光明正大的。

如果运营商真的解锁 iPhone 的话，你可能不得不等到合约结束的时候，或支付一笔费用，甚至两者都要。但是等到合约结束的时候，你可能已经升级为下一代 iPhone 了。

有些运营商使用无线信号解锁 iPhone，它可能需要一天或者两天来实现。其他运营商会给你一个解锁代码，你可以使用 iPhone 的键盘输入它。

　　　在一些国家，你也可以找到在线解锁 iPhone（以及其他手机）的服务。这些服务通过将你的 iPhone 的 IMEI 提交给苹果公司，并且请求一个解锁代码来工作，就像运营商所做的一样。花费取决于 iPhone、运营商以及你正在使用的合约。大多数值得使用的服务都不便宜，但是它们很有效。解锁程序会需要几天时间才能完成。

使用软件来解锁你的 iPhone

如果运营商不能解锁你的 iPhone 的话，你可能需要自己动手。这意味着通过"越狱"来解锁 iPhone（如第 6 章中描述的那样），然后使用一个解锁应用程序，例如 Ultrasn0w。

苹果公司经常会改变 iOS 中的安全部署来防止解锁，然后，解锁软件的开发者不得不开发新版本——所以，解锁你的 iPhone 所要执行的举措就会变化。但是，下面是一般要遵循的步骤。

1. 通过访问一个如 Redmond Pie 这样的网站（www.redmondpie.com）或者在线搜索来寻找最新的解锁说明。确保这个说明是针对你的 iPhone 机型，而不是针对其他 iPhone 机型的。

2. 下载一个解锁工具，如一个像 www.idownloadblog.com/iphone-downloads 这样的网站上的 Sn0wbreeze。

3. 按照第 6 章中项目 38 里面的说明那样"越狱"你的 iPhone。

4. 按照解锁工具的说明来解锁你的 iPhone。

　　　通过软件或者硬件来解锁你的 iPhone 在美国和英国是违法的，但是在某些国家中则不是。如果你对在你的国家是否是违法持有怀疑的话，在网上查阅一下。

使用一个硬件解锁 iPhone

另外一种解锁 iPhone 的方法就是使用一个硬件解锁设备。这些设备通常是由一些将解锁手机作为其业务一部分的公司来经营的，而不是自己买些东西来解锁单独一个 iPhone。你将 iPhone 提供给这些服务商，支付费用（不可避免的），然后让这家公司来为你解锁。

 你也可以获得一个解锁 SIM 卡来解锁 iPhone。有些 SIM 卡有作用，其他的则没有，所以在购买之前，仔细看一下评价。这些 SIM 卡不仅对于 iPhone 机型是特定的，而且对于 iPhone 的基带版本也是一样的——所以，确保你购买的正是你所需要的卡。想要找到基带版本，选择"设置 | 通用 | 关于本机"，然后向下滑动，看一下调制解调器固件号。

项目 33：在你的计算机和设备之间共享你的 iPhone 的互联网连接

iPhone 不仅可以通过蜂窝网络获取高速的互联网连接，而且它可以在你的计算机或者设备之间共享这个连接。当你正在路上，并且需要使你的计算机在 Wi-Fi 连接不可用的地方上网的时候，这个功能是非常不错的。如果你的上网流量足够大的话，你也可以使用它作为家庭互联网访问的工具。

共享 iPhone 的互联网连接常常被称为"互联网共享"，并且有些人仍然在使用这个词。在 iOS 5 中，共享互联网连接的功能被称为个人热点。使用个人热点，你可以一次性连接最多 5 台计算机或者其他设备。你可以使用 USB 连接一个单独的计算机，或者通过 Wi-Fi 或蓝牙连接多台计算机和设备。在本节中，我们将看一看如何使用 USB 和 Wi-Fi，这是最有用的两种连接方式。

 连接到个人热点，USB 提供了最快的速度——但是，同一时间，它只能在一台计算机上起作用。Wi-Fi 也提供了不错的速度，并且它是连接多台设备的最佳选择。蓝牙则提供了较慢的速度，而且需要你的 iPhone 和计算机或者设备匹配，所以，它只是在你没有其他办法连接的情况下才是最好的。

设置个人热点

想要在你的 iPhone 上设置个人热点的话，请按照如下步骤操作。

1. 按下主键来显示主屏幕。
2. 点击"设置"图标来显示"设置"窗口。
3. 向下滑动到第三个框，然后点击"通用"按钮来显示"通用"窗口。
4. 点击"蜂窝移动网络"按钮来显示"蜂窝移动网络"窗口。
5. 点击"个人热点"按钮来显示"个人热点"窗口（见图 5-1 左侧）。
6. 点击"个人热点"开关，并将它移动到开启位置。共享网络现在可被发现。

图 5-1 在"个人热点"窗口（左侧）上，移动"个人热点"开关到开启位置，
然后点击"无线密码"按钮来显示"无线密码"窗口（右侧），
输入你想要使用的密码，然后点击"完成"按钮

7. 看一下在"无线密码"按钮右边的默认密码。如果你想要更改它的话，点击"无线密码"按钮，然后在"无线密码"窗口上输入新密码（见图 5-1 右侧）。点击"完成"按钮来返回到"个人热点"窗口。

8. 点击"蜂窝移动网络"按钮来返回到"蜂窝移动网络"窗口。

9. 点击"通用"按钮来返回到"通用"窗口。

10. 点击"设置"按钮来返回到"设置"窗口。你将会看见个人热点出现在无线项目下面，这为你提供了设置个人热点打开还是关闭的快捷路径。

现在，你已经打开了个人热点，你可以将你的计算机或者设备连接到它上面。

通过 Wi-Fi 将一台计算机或者设备连接到个人热点

想要通过 Wi-Fi 将一台计算机或者设备连接到个人热点上，你只需要通过 Wi-Fi 连接到个人热点无线网络上，就像你连接到任何其他无线网络上一样。

个人热点无线网络拥有你的 iPhone 的名称，并且使用出现在个人热点窗口上的密码。

通过 USB 将一台单独的计算机连接到个人热点上

不使用 Wi-Fi 连接的话，你可以使用你的 iPhone 的 USB 数据线将一台单独的计算机连接到个人热点上。

使用 USB 将一台 Windows 系统的 PC 连接到个人热点上

当你通过 USB 将你的 iPhone 连接到一台 Windows 系统 PC 上，并且个人热点在 iPhone 上已经启动的时候，Windows 会自动检测 iPhone 的互联网连接，并将它作为一个新的网络连接。第一次发生这种情况的时候，Windows 系统会自动安装连接的驱动程序，并且显示"驱动软件安装"对话框来让你知道它已经这么做了。单击"关闭"按钮来关闭对话框。

接下来，Windows 会显示"设置网络位置"对话框（见图 5-2），询问你这个新的网络是否是一个家庭网络、一个工作网络或者一个公共网络。通常情况下，你在这里单击"家庭网络"按钮。

然后，Windows 系统会设置网络。当它做完的时候，它会显示另外一个"设置网络位置"对话框（见图 5-3）来确认网络位置。

单击"关闭"按钮来关闭"设置网络位置"对话框。现在，连接已经准备好，你可以使用了。

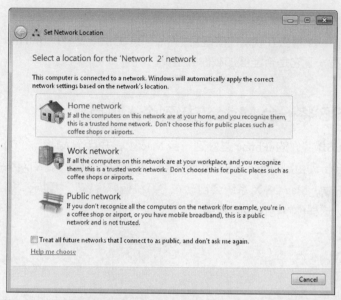

图 5-2　在第一个"设置网络位置"对话框中，单击"家庭网络"按钮来告诉 Windows 系统
个人热点网络是安全可用的

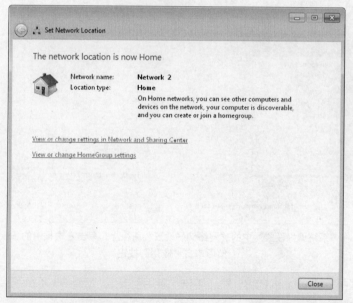

图 5-3　在第二个"设置网络位置"对话框中，单击"关闭"按钮，然后你就可以使用网络了

一个检查互联网连接是否工作的简单方法就是打开 Internet Explorer，并且看一下它是否能够加载你的主页。

使用 USB 将一台 Mac 连接到个人热点

当你通过 USB 将你的 iPhone 连接到一台 Mac 上，并且个人热点在 iPhone 上已经启用的时候，Mac 会自动检测 iPhone 的互联网连接，并将它作为一个新的网络连接。第一次发生这种情况的时候，Mac OS X 系统会自动在"系统偏好设置"中显示"网络偏好设置"面板（见图 5-4），这样你就可以设置网络了。

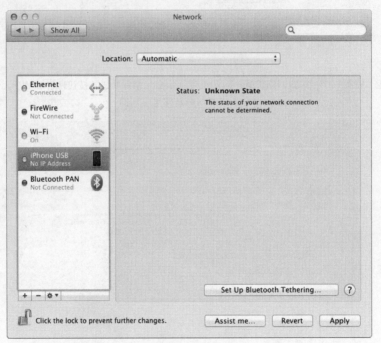

图 5-4　在"系统偏好设置"中的"网络偏好设置"面板上，单击左边框中的 iPhone USB，然后单击"应用"按钮

在左边框中单击 iPhone USB，然后单击"应用"按钮。Mac OS X 系统会给 iPhone USB 分配一个 IP 地址，然后显示详细信息（见图 5-5）。

按下⌘+Q 键或者选择"系统偏好设置｜退出系统偏好设置"来退出"系统偏好设置"。

现在，你可以开始使用互联网连接了。

> 　如果你想要检查一下互联网连接是否可用的话，打开 Safari，看一下你的主页是否出现。

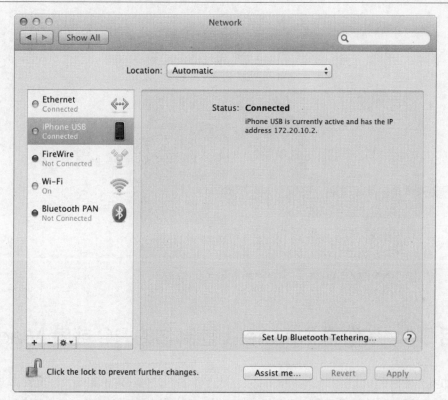

图 5-5　Mac OS X 系统会为 iPhone USB 分配一个 IP 地址来使你的 Mac 能将
iPhone 作为一个网络连接

关闭个人热点

如果个人热点在没有计算机或者设备连接到它上面的时候开启的话，唯一能证明它是开启着的，就是在"个人热点"窗口上的"个人热点"开关是在开启位置。

当有计算机或者设备连接到个人热点上的时候，你的 iPhone 会在窗口上方显示一个蓝条（见下图）。

想要关闭个人热点的话，请按照如下步骤操作。

1. 按下主键来显示主屏幕。
2. 点击"设置"图标来显示"设置"窗口。
3. 点击"个人热点"按钮来显示"个人热点"窗口。
4. 点击"个人热点"开关，并将它移动到关闭位置。

项目 34：从你的 iPhone 上控制你的 PC 或者 Mac

如果无论你在哪，你都是用 iPhone 来完成工作的话，你一定希望最大程度发挥 iPhone 的功能来远程控制计算机。在这个项目中，我将告诉你如何从你的 iPhone 上连接并控制一台在互联网上任何地方的 PC 或者 Mac。

首先，你需要获得 iPhone 使用的远程控制软件。然后，我们将设置你的 PC 或者 Mac 来实现远程控制。在这之后，你将准备好使用 iPhone 通过互联网控制你的 PC 或者 Mac。

选择你的远程控制技术

这里有两个远程连接到一台计算机上并且控制它的主要技术：

❑ 远程桌面协议（RDP）。RDP 是微软公司用于远程控制 Windows 系统计算机的专利协议。RDP 是内置于"商业"版本的 Windows 系统中的终端服务功能的一部分。这些版本包括 Windows 7 专业版、Windows 7 旗舰版、Windows 7 企业版、Windows Vista 商业版、Windows Vista 旗舰版、Windows Vista 企业版以及 Windows XP 专业版。

> RDP 是一款精心设计并且十分有效的协议，它使你能够远程在你的计算机上工作。假如要在连接到你的 Windows 系统 PC 上的两种选项——RDP 和 VNC 之间选择的话，选择 RDP。但是，如果你有一个"家庭"版本的 Windows 的话，你将需要使用 VNC，因为这些版本上没有远程桌面控制。

❑ 虚拟网络计算（VNC）。VNC 最初是由 AT&T 公司开发用来在一台计算机上控制另外一台计算机的协议。VNC 被内置于 Mac OS X 系统中来作为窗口共享功能的一部分，但是如果你需要的话，你可以添加一个 VNC 服务器到一台 Windows 系统的 PC 上。

> VNC 的优势在于 VNC 客户端应用程序对于所有主流的操作系统都是可用的，所以你可以从运行在任何主流操作系统上的 VNC 客户端上连接到一个运行在任何主流操作系统上的 VNC 服务器上。

在苹果商店中，你可以找到很多 RDP 客户端应用程序和 VNC 客户端应用程序。在这个项目里，我们将使用 Mocha RDP 和 Mocha VNC 应用程序，每一个都能很好的工作，5.99 美元的价格相对来说也是很便宜的，并且还有免费的精简版本（由广告支持），免费版本让你可以尝试一下，看看你是否想要付费来获取完整版本。

设置你的 PC 来使用远程控制

想要设置你的 PC 来使用远程控制的话，请按照如下步骤操作。

1. 按下 WINDOWS+BREAK 键来显示"系统"窗口。你也可以单击"开始"按钮，右键单击"计算机"项目来显示下拉菜单，然后，单击它上面的"属性"选项。

2. 在左侧栏中，单击"远程设置"链接来显示"系统属性"对话框中的"远程"选项卡（见图 5-6）。

3. 在远程桌面框中，选择"允许连接到运行任何版本的远程桌面的计算机（不太安全）"选项按钮。

图 5-6 在"系统属性"对话框的"远程"选项卡上,选择"允许连接到运行任何版本的
远程桌面的计算机(不太安全)"选项按钮

4. 单击"选择用户"按钮来显示"远程桌面用户"对话框(见下图)。

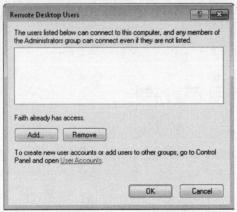

5. 验证你的名字出现在"添加"按钮上面,并且带有"已经可以访问"信息。如果没有的话,单击"添加"按钮,并且使用"选择用户"对话框来将你自己添加到可以通过远程桌面连接的用户列表中。

6. 单击"完成"按钮来关闭"远程桌面用户"对话框。

7. 单击"完成"按钮来关闭"系统属性"对话框。

8. 单击"关闭"按钮（那个 × 按钮）来关闭"系统"窗口。

设置你的 Mac 来使用远程控制

想要设置你的 Mac 来使用远程控制的话，请按照如下步骤操作。

1. 选择"苹果 | 系统偏好设置"来显示"系统偏好设置"窗口。

2. 在互联网和无线类别中，单击"共享"图标来显示"共享偏好设置"面板。

3. 在左侧面板上，单击"窗口共享"选项（但是不要选择它的复选框）来显示"窗口共享"选项（见图 5-7）。

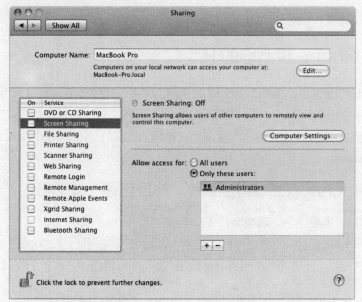

图 5-7　在"共享偏好设置"面板的左侧面板上单击"窗口共享"选项来显示设置共享的选项

4. 单击"计算机设置"按钮来显示如下所示的对话框。

5. 确保任何人都可以申请权限来控制窗口复选框被清除。

6. 选择 VNC 观察者可以使用密码控制窗口复选框。

7. 在文本框中，输入你将在 VNC 使用的密码。

8. 单击"完成"按钮来关闭对话框。

9. 在允许访问区域中，适当地选择"所有用户"选项按钮或者"只有这些用户"按钮。通常情况下，你会想要选择"只有这些用户"选项按钮，然后将管理员组放到列表框中（它会以默认方式出现），或者单击"添加（＋）"按钮，并且将你自己添加为允许通过窗口共享被允许访问 Mac 的用户。

10. 现在，你已经指定了谁可以连接，在左侧面板上选择"窗口"共享复选框。

11. 按下 ⌘+Q 键或者选择"系统偏好设置｜退出系统偏好设置"来退出"系统偏好设置"。

使用你的 iPhone 控制你的 PC

现在，你已经设置了你的 PC 接受 RDP 连接，你可以从你的 iPhone 上使用 Mocha RDP 应用程序连接到它上面。首先，你要运行 RDP 应用程序，并且设置连接的详细信息。然后你可以建立连接，并且开始工作。当你使用完连接的时候，你可以从计算机上断开连接，或者注销 Windows。

运行 Mocha RDP 应用程序，并且创建一个连接

想要创建一个连接的话，请按照如下步骤操作。

1. 像通常一样，从你的 iPhone 的主屏幕上运行 RDP 应用程序。然后，应用程序会显示 Mocha RDP 窗口（见图 5-8 左侧），并且"配置"按钮被选中，它提示你应该点击它。

 RDP 应用程序提供了很多你可以用来调整应用程序如何操作的设置。在本节中，我们将只进行基本的设置，如计算机的地址以及窗口分辨率。当你有时间的时候，探索一下其他选项，并且看一看哪个适合你。

2. 点击"配置"按钮来显示第一个"配置"窗口（见图 5-8 右侧）。

3. 点击"新建"按钮来创建一个新的配置文件。RDP 应用程序会显示第二个"配置"窗口（见图 5-9 左侧）。

4. 点击 PC 地址右端的">"按钮来显示"查找"窗口（见图 5-9 右侧）。

如果你知道你的计算机的计算机名称或者 IP 地址的话，点击"计算机地址"按钮上的<required>占位符来放置一个插入点，并且唤出窗口键盘。然后，你可以输入计算机名称或者 IP 地址。

图 5-8 在 Mocha RDP 窗口（左侧）上，点击"配置"按钮来显示第一个"配置"窗口（右侧），然后点击"新建"按钮来开始设置一个新的连接

5. 点击你想要连接的计算机的名称。RDP 应用程序会带你回到第二个"配置"窗口，在这里，"计算机地址"按钮现在显示着计算机的名称。

6. 如果你的计算机正在使用一个非标准的接口的话，点击"计算机端口"按钮，然后输入接口号码。

7. 如果你想要 RDP 应用程序存储你的用户名的话，点击"计算机用户"按钮，然后输入你的用户名。

8. 同样地，如果你想要 RDP 应用程序存储你的密码的话，点击"计算机密码"按钮，然后输入你的密码。

9. 向下滑动到第二个框（见图 5-10 左侧），然后点击"窗口尺寸"按钮。在出现的"计算机窗口尺寸"窗口（见图 5-10 右侧）上，点击你想要的分辨率的按钮。你可以在底部点击">"按钮来设置一个自定义的分辨率——例如，960 像素×640 像素来填满 iPhone 的窗口。

10. 当你完成选择连接的设置的时候，点击"返回"按钮来返回到第一个"配置"窗口。连接会以一个按钮的形式出现（见插图）。

图 5-9 在第二个"配置"窗口（左侧）上，点击"计算机地址"按钮来显示"查看"窗口（右侧），然后点击你想要连接的计算机的名称

11. 点击"返回"按钮来返回 Mocha RDP 窗口。

图 5-10 从第二个"配置"窗口的下部，点击"窗口尺寸"按钮来显示计算机窗口尺寸窗口（右侧），然后点击你想要的分辨率的按钮

连接到你的 PC

从 Mocha RDP 窗口上，按照如下步骤来连接到你的 PC 上。

1. 点击"连接"按钮。RDP 应用程序就会连接到你的计算机上。

 如果你只在 RDP 应用程序中设置了一个连接的话，当你在 Mocha RDP 窗口上点击"连接"按钮的时候，应用程序会自动打开这个连接。如果你设置了很多连接的话，RDP 应用程序会显示"连接到"窗口。点击你想要连接的计算机的按钮。

2. 如果你没有输入你的用户名和密码的话，RDP 应用程序会显示 Windows 登录窗口。点击你的用户名来显示"密码"区域，然后点击键盘图标来显示键盘（见下页图）。输入你的密码，然后点击"回车"按钮来确定。

3. 然后，RDP 应用程序会显示你的 Windows 桌面（见图 5-11），并且你可以开始在上面工作了。下面是你将需要进行的主要操作。

- 单击。用你的手指点击。
- 双击。两次点击。
- 右键单击。点击并按住一秒钟。
- 放大。将你的拇指和食指（或两根手指）一起放在窗口上，然后向外分开。
- 缩小。将你的拇指和食指（或两根手指）分开放在窗口上，然后向内捏。
- 滚动。点击并拖动你的手指来将窗口显示的部分向一个方向移动。

隐藏工具栏
按钮

全键盘按钮　　命令键按钮　　菜单按钮　　回车键按钮　　缩小按钮　　锁定屏幕按钮

图 5-11　RDP 应用程序窗口底部的工具栏让你可以快速访问键盘、菜单以及缩小命令

断开或者注销你的计算机

当你使用完你的 PC 的时候，你可以断开它的连接，或者注销。

- 断开连接。在 RDP 应用程序中，点击"菜单"
按钮来显示"菜单"窗口（如下图所示），然后点击"断
开连接"选项。RDP 应用程序就会断开与你的计算机的
连接，但是你的用户会话会保持运行。所以，如果你再
次连接的话，你可以在你离开的地方再次开始工作。

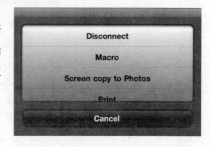

- 注销。在 RDP 应用程序中，点击"开始"按钮，
然后点击"注销"按钮。Windows 会关闭你的用户会话，

并且 RDP 应用程序会关闭与你的 PC 的连接。

使用你的 iPhone 控制你的 Mac

在设置你的 Mac 接受 VNC 连接以后，你可以通过使用 VNC 应用程序连接它。首先，你需要启动 VNC 应用程序，并且指定连接的详细信息。然后你可以建立连接，并开始使用你的 Mac。当你使用完你的 Mac 的时候，你可以从你的 Mac 上断开连接。

 VNC 使用 Mac 当前的分辨率——不像 RDP 一样，VNC 不能改变你的 iPhone 上显示的分辨率。因为这些限制，如果你打算广泛地使用 VNC 的话，你可能想要改变你的 Mac 正在使用的分辨率。你可以在你在 Mac 上工作的时候改变分辨率，或者通过 VNC 连接以后远程改变分辨率。

在 Mocha VNC 中设置一个连接

想要在 Mocha VNC 中设置一个连接的话，请按照如下步骤操作。

1. 从你的 iPhone 主屏幕上通过点击它的图标来运行 VNC 应用程序。然后，这个应用程会显示 Mocha VNC 窗口（见图 5-12 左侧），并带有被选择的"配置"按钮。

图 5-12　在 Mocha VNC 窗口（左侧）上，点击"配置"按钮来显示第一个"配置"窗口（右侧），然后，点击"新建"按钮来开始设置一个新的连接

VNC 应用程序有很多配置你的 VNC 会话的设置——例如，选择应用程序使用哪个 Mac 键盘驱动程序或者控制在 VNC 中 iPhone 的加速度计检测到运动时是否卷动窗口程序。在本节中，我们将只设置需要建立一个连接的那些设置。当你有时间的时候，探索一下其他的选项，并且看一看哪些是你发现有用的。

2. 点击 "配置" 按钮来显示第一个 "配置" 窗口（见图 5-12 右侧）。

3. 点击 "新建" 按钮来开始创建一个新的配置文件。VNC 应用程序会显示第二个 "配置" 窗口（见图 5-13 左侧）。

4. 点击在 "IP 地址" 按钮右端的 ">" 按钮来显示 "查询" 窗口（见图 5-13 右侧）。

 如果你知道你的 Mac 的 IP 地址或者计算机名称的话，在 "IP 地址" 按钮上点击 "在这里书写或者（>）" 占位符来放置一个插入点，并且唤出窗口键盘。然后你就可以输入 IP 地址或者计算机名称了。

5. 如果你想要在连接中存储你的密码的话，输入密码，点击 VNC "密码" 区域。如果你因为安全原因不喜欢存储密码的话，你可以在你进行连接的时候提供它。

图 5-13　在第二个 "配置" 窗口（左侧）上，点击 "IP 地址" 按钮来显示 "查询" 窗口（右侧），然后点击你想要连接的计算机名称

如果你正在连接到一台运行 Lion（Mac OS X 10.7）系统的 Mac 上的话，你可以远程登录到 Mac 上，而不仅仅只是通过"窗口共享"来连接。想要这样做的话，点击"Mac OS X Lion 登录"开关，并将它移动到开启位置，然后点击"Mac OS X 用户"区域，并且输入你的用户名。你也可以通过点击"Mac OS X 密码"区域并且输入你的密码，或者可以等待，当你试图连接到 Mac 上的时候再提供它。

6. 点击"返回"按钮来返回到第一个"配置"窗口。

7. 点击"返回"按钮来返回到 Mocha VNC 窗口。

连接到你的 Mac 上

从 Mocha VNC 窗口上，按照如下步骤来连接到你的 Mac 上。

1. 点击"连接"按钮：

❏ 如果你只创建了一个连接的话，VNC 应用程序会连接到它上面。

❏ 如果你已经创建了很多连接的话，VNC 应用程序会显示"连接到"窗口。点击你想使用的连接，应用程序就会连接到它上面。

2. 如果 VNC 应用程序显示"服务器密码"窗口（见下图），输入你的密码，然后点击"完成"按钮。

然后，应用程序会显示你的 Mac 的桌面，并且在底部叠加有一个工具栏（见图 5-14）。接下来，你就可以在你的 Mac 上开始使用应用程序了。

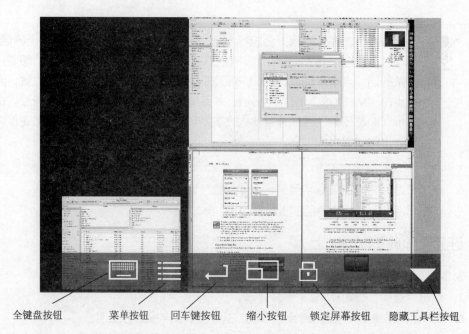

全键盘按钮   菜单按钮   回车键按钮   缩小按钮   锁定屏幕按钮   隐藏工具栏按钮

图 5-14   VNC 应用程序窗口底部的工具栏让你可以快速访问键盘、菜单以及缩小命令

断开与你的 Mac 的连接

想要从你的 Mac 上断开连接，点击"菜单"按钮，然后在"菜单"窗口上点击"断开"按钮（见下图）。

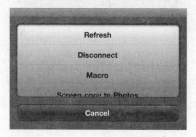

项目 35：在互联网上使用 VNC 连接到你公司的网络上

如果你使用一台 iPhone 用于公司业务的话，你可能需要将你的 iPhone 连接到你公司的

网络上，这样你就可以收取电子邮件或者交换数据了。当你在办公室中的时候，你将可能使用一个无线网络连接，但是，当你在办公室之外的时候，你可以使用一个虚拟私人网络（简称 VPN）在互联网上连接。

　　一个 VPN 使用一个不安全的公共网络（如互联网）来安全地连接到一个安全的私人网络（如你公司的网络）上。一个 VPN 在不安全的互联网上扮演一个安全的"管道"，为你的计算机（在这种情况下则是你的 iPhone）和你公司的 VPN 服务器之间提供一个安全的连接。

获取连接到 VPN 所需要的信息

　　想要连接到一个 VPN 的话，你需要知道各种各样的配置信息，例如，你的用户名、服务器的互联网地址以及你的密码或者其他认证的方式。你也需要知道要使用哪种类型的安全性：第二层隧道协议（L2TP），点对点隧道协议（PPTP）还是 IP 安全（IPSec）。

　　你公司的网络管理员将会提供这些信息。管理员可能会提供一个书面的列表，你将在你的 iPhone 中手动输入它们，这些内容将在本章稍后的内容中讨论。但是，这很容易会把一个或者更多的项目弄错，所以，通常一个管理员将会使用 iPhone 配置实用程序（一个苹果公司提供的用来管理 iPhone、iPad 以及 iPod touch 的工具）来创建一个被称为"配置概要"的文件，然后，你可以在你的 iPhone 上安装它，这对你很有用。我们将以简单一点的方法开始。

　　如果你是管理员的话，你将会在这里发现 iPhone 配置实用程序：www.apple.com/suppory/iphone/enterprise。这里有 Windows 系统和 Mac OS X 系统两种版本。

通过使用一个配置概要文件来设置一个 VPN

　　想要在你的 iPhone 上通过使用一个配置概要文件来设置一个 VPN 的话，所有你需要做的就是将配置概要文件放到你的 iPhone 上。通常情况下，管理员将会通过 USB 将你的 iPhone 连接到他或她的计算机上来将配置概要文件放到你的 iPhone 上，或者通过下列方式其中之一来分发配置概要文件：

　　❏ 通过电子邮件。只要管理员知道你的电子邮件账户，这是一个分发配置概要文件的简单方法。但是，如果配置概要文件既用于一个企业电子邮件账户又用于 VPN 的话，你将需要使用其他电子邮件账户（因为 iPhone 尚未能够访问你的公司账户）。

   ◘ 通过一个网站。管理员可以将配置概要文件放在一个你能够使用 iPhone 从上面下载的网站上。通常情况下，这将会是一个企业内部网站或者至少是一个有密码保护的网站，因为配置概要文件是不加密的。

以下是如何通过安装你已经在一封电子邮件信息中接收或者从一个网站上下载的配置概要文件设置 VPN。

1. 打开配置概要文件：

   ◘ 如果你已经在一封电子邮件信息中接收了配置文件的话（见图 5-15 左侧），点击配置概要文件的按钮。然后，你的 iPhone 会显示"安装概要文件"窗口（见图 5-15 右侧）。

图 5-15　在一封电子邮件信息（左侧）中点击配置概要文件的按钮来显示"安装概要文件"窗口（右侧）

   ◘ 如果配置概要文件被发布到一个网站页面上的话，在 Safari 浏览器中打开那个页面，然后点击概要文件下载链接。然后，你的 iPhone 会显示"安装概要文件"窗口。

2. 看一下"安装概要文件"窗口上的信息来确认你想要安装的概要文件。想要查看有关概要文件信息的话，点击显示在概要文件信息窗口上的"更多信息"按钮（见图 5-16 左侧）。点击左上角的"安装概要文件"按钮来返回到"安装概要文件"窗口。

图 5-16　概要文件信息窗口（左侧）会向你显示概要文件包含哪些信息——在这种情况下，是签名证书以及 VPN 有效载荷；当你在"安装概要文件"窗口上点击"安装"按钮来安装概要文件的时候，你的 iPhone会确认你知道安装概要文件将会改变你的 iPhone 上的设置（右侧）

　　3．检查一下概要文件的状态：未签名的、未验证的或者是已验证的。看一下附近的侧边栏"了解'安装概要文件'窗口上的未签名的、未验证的以及已验证的条款"来了解这些条款的解释，以及你应该如何对待它们所标记的概要文件的建议。

高级技术达人

了解"安装概要文件"窗口上的未签名的、未验证的以及已验证的条款

在"安装概要文件"窗口上的"安装"按钮的左侧显示了概要文件的状态：

❏ 未签名的。创建概要文件的人没有应用一个数字签名来保护文件，防止被改变。

❏ 未验证的。创建者在概要文件上应用了一个数字签名，但是你的 iPhone 不能确认这个数字签名是真实的。

❏ 已验证的。iPhone 已经确认了应用到概要文件的数字签名是真实有效的。

在理想的情况下，你将只须安装已经被从被获取人那里声称已验证过的概要文件。但是，很多公司和组织仍然在使用未签名的概要文件，所以你有一个公平的机会来运行它们。

如果你怀疑的话，让一个管理员检查一下这个概要文件是否可以安全安装。

4. 点击"安装概要文件"窗口上的"安装"按钮来开始安装概要文件。你将需要提供你的用户名（见图 5-17 左侧）、密码（没有图示）以及共享密钥（见图 5-17 右侧）来设置 VPN。

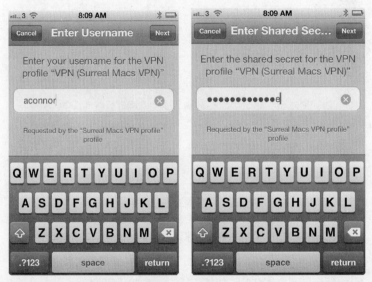

图 5-17　你的 iPhone 将引导你通过设置 VPN 的过程：首先，你在"输入用户名"窗口（左侧）上输入你的用户名，接下来在"输入密码"窗口（没有图示）上输入你的密码，然后在"输入共享密钥"窗口（右侧）上输入 VPN 的共享密钥

5. 当"概要文件已安装"窗口出现的时候，点击"完成"按钮。你的 iPhone 会将你带回你开始安装的地方——包含配置概要文件的电子邮件信息，或者是你要从上面下载概要文件的网页。

现在，你可以开始使用 VPN 了。跳到本章后面的章节"连接到 VPN"。

手动设置 VPN

如果你的管理员已经为你提供的是一个 VPN 配置详细信息的列表，而不是一个配置概要文件的话，你在设置时就会比较困难。因为你不得不在你的 iPhone 上输入所有的信息，这会有些费力，但是，对于任何连接，你只需要输入一次。请按照如下步骤操作。

1. 按下主键来显示主屏幕。

2. 点击"设置"图标来显示"设置"窗口。

3. 向下滑到第三个框，然后点击"通用"按钮来显示"通用"窗口。

4. 点击"网络"按钮来显示"网络"窗口（见图 5-18 左侧）。

5. 点击"VPN"按钮来显示 VPN 窗口（见图 5-18 右侧）。

图 5-18　在"网络"窗口（左侧）上点击"VPN"按钮来获取"VPN"窗口（右侧）

6. 点击"添加 VPN 配置"按钮来显示"添加配置"窗口（见图 5-19 左侧）。

7. 在靠近窗口顶部的地方，单击 VPN 使用的安全性类型的按钮：L2TP、PPTP 或者 IPSec。iPhone 会显示连接所需信息的一个列表。

8. 在窗口上输入 VPN 配置的详细信息：

❑ 描述。这是在 VPN 列表中出现在 VPN 上面的名称。选择一个适合你的描述名称。

❑ 服务器。输入 VPN 服务器的计算机名称（例如，macserver.surrealmacs.com）或者 IP 地址（例如，216.248.2.88）。

❑ 账户。输入你的 VPN 连接登录名。根据贵公司的网络，这可能会和你正常的登录名相同，但是出于安全原因考虑，在大多数情况下，它都是不一样的。

❑ 密码。如果管理员已经给你一个密码，而不是一个证书（接下来会讨论）的话，你可以在这里输入它，并且在你连接的时候，让你的 iPhone 提供它。为了获取更高的安全性，你可以让密码区域保持空白，并且在每次你连接的时候，手动输入密码。这能防止任何其他使用你的 iPhone 的人进行连接，但这是很费力的，尤其是如果你的密码使用了字母、数字以及符号（一个强大的密码就应该这样）的时候。

图 5-19　在"添加配置"窗口（左侧）上，输入连接的信息，当你已经保存连接的时候，
将 VPN 窗口（右侧）上的滑块移动到开启位置来开始连接

❏ RSA SecurID（只适用于 PPTP 和 L2TP）。如果管理员为你提供了一个 RSA SecurID 令牌的话，将这个开关移动到开启位置来使用它。然后，iPhone 会隐藏密码区域，因为当你使用令牌的时候，你不需要使用密码。

❏ 使用证书（只适用于 IPSec）。如果管理员为你提供了一个安装有在连接时进行身份验证的证书的配置概要文件的话，将这个开关打开。为了简化你的程序，只有在已经安装了一个证书的时候，这个开关才可以使用。

❏ 密钥（只适用于 L2TP）。为 VPN 输入预共享密钥，也称为"共享密钥"。对于 VPN 的所有用户而言，这个预共享密钥都是相同的（不像你的账户和密码，它们对你来说都是唯一的）。

❏ 组名（只适用于 IPSec）。为 VPN 输入你所属的组别的名称。

❏ 发送所有流量（只适用于 L2TP）。保留这个开关设置为开启位置（默认位置），除非管理员让你关闭它。当"发送所有流量"开启的时候，你所有的互联网连接转到 VPN 服务器，当它关闭的时候，是通过互联网连接到部分互联网，而不是通过 VPN 直接连接到目标网址。

❏ 加密级别（只适用于 PPTP）。将此设置为自动来让 iPhone 首先尝试一下 128 位加密（最高级别），然后是减弱的 40 位加密，再然后没有加密。如果你知道你必须只能使用 128 位加密的话，选择最高。只在走投无路的情况下才选择没有加密——任何一个有理智的管理员都不会推荐它。

9. 当你输入完信息的时候，点击"保存"来保存连接。然后，VPN 连接会出现在 VPN 窗口（见图 5-19 右侧）上。

现在，你已经准备好连接到 VPN 上，如接下来的章节中描述的一样。

连接 VPN

在你已经安装或者创建了你的 VPN 连接以后，你可以快速并且轻易地连接它。请按照如下步骤操作。

1. 按下主键来获取主屏幕。

2. 点击"设置"图标来显示"设置"窗口。

3. 以下面方式其中之一来开始 VPN 连接：

❏ 如果你只有一个 VPN 连接的话。在"设置"窗口（见图 5-20 左侧）上，将"VPN"开关移动到开启位置。

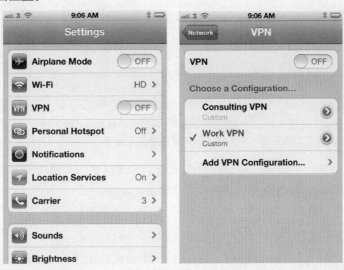

图 5-20　如果你只有一个单独的 VPN 连接的话，你可以从"设置"窗口（左侧）上打开它；如果你有两个或者更多连接的话，在 VPN 窗口（右侧）上选择连接，然后打开它

❏ 如果你有两个或者更多 VPN 连接的话。点击"VPN"按钮来显示 VPN 窗口。在选择一个配置列表（见图 5-20 右侧）中，确认选择的是正确的 VPN；如果不是的话，点击你想要的那一个，在它旁边放置一个复选标记。然后将"VPN"开关移动到开启位置。

如果管理员设置你要通过密码来进行身份验证，并且你选择不在 VPN 连接中存储你的密码的话，你将会被提示输入你的密码。输入它，iPhone 会建立连接。在 VPN 窗口上显示了连接处于活动状态（见图 5-21 左侧），并且 VPN 指示器也会出现在状态栏中，提示你正在使用 VPN。你可以点击"状态读出"来看一下连接的详细信息（见图 5-21 右侧），包括你的 iPhone 的 IP 地址。

图 5-21　在 VPN 窗口（左侧）上，"状态读出"显示了连接的持续时间；通过点击"状态"按钮，在状态窗口（右侧）上，你可以看见进一步的细节，只要连接是打开的，VPN 指示器就会出现在状态栏上

一旦建立了连接，你就可以在 VPN 上工作了。你可以做什么取决于管理员授予你的权限，但是你通常将能够访问你的电子邮件以及共享信息资源。

从 VPN 上断开连接

当你已经使用完 VPN 的时候，关闭任何你之前正在使用的文件，并且像如下这样断开连接。

1. 按下主键来获取主屏幕。
2. 点击"设置"图标来显示"设置"窗口。
3. 如果你只设置了一个 VPN 的话，将设置窗口上的"VPN"开关移动到关闭位置。
否则的话，点击"VPN"按钮来显示 VPN 窗口，然后将 VPN 窗口上的"VPN"开关移动
到关闭位置。

项目 36：拨打 IP 语音电话，而不是移动电话

如果你发现你经常会用完你的运营商的合约计划中的通话时间，或者你购买的 iPhone
是裸机，并且为每一个电话单独支付的话，考虑一下使用 IP 语音（VoIP）拨打电话，而不
是拨打移动电话。这很容易做到——你需要做的就是下载一个合适的 IP 语音通话应用程序，
并且设置一个账户。

在撰写本文的时候，拨打 IP 语音电话最好的应用程序就是 Skype。Skype 是一个免费的
应用程序，但是你要用 Skype 卡来支付你使用的通话时间。你可以使用 Skype 来拨打普通
语音电话、视频通话以及发送文本信息。

在这个项目中，我们将获取 Skype，设置它，并浏览一下使用它的要领。

获取 Skype 并且设置它

想要获取 Skype 的话，在你的计算机上使用 iTunes 转到苹果商店，或者在你的 iPhone
上使用苹果商店应用程序。搜索 Skype，然后下载并安装这个应用程序。

 如果你还没有 Skype 账户的话，转到 Skype 网址（www.skype.com），并
且单击"加入 Skype"按钮来开始创建一个账户。

在主屏幕上通过点击 Skype 图标来运行 Skype。Skype 会显示一个窗口来提示你输入你
的 Skype 用户名和密码（见图 5-22 左侧）。输入用户名和密码，然后点击"登录"按钮。Skype
会为你登录，并且显示"联系人"窗口（见图 5-22 右侧）。

图 5-22　在第一个 Skype 窗口（左侧）上，输入你的 Skype 用户名和密码来开始使用 Skype；
在联系人窗口（右侧）上，点击包含你想要拨打的联系人的组

使用 Skype 拨打电话

在设置完 Skype 以后，你可以很容易地拨打和接听电话：

❏ 拨打一个电话。从联系人窗口上，点选其中一组，然后点击联系人来显示它的详细信息（见图 5-23 左侧）。然后你可以通过点击"视频通话"按钮拨打一个视频通话，或者通过点击"语音"按钮来拨打一个语音通话。

　　　　如果这里没有你想要拨打的联系人的信息的话，点击"呼叫"选项卡来显示"呼叫"窗口，然后拨打该号码。

❏ 接听一个电话。当你接收到一个 Skype 通话的时候，如果它是可用的话，Skype 会显示呼叫人的名称或者号码（见图 5-23 右侧）。点击窗口右下角的绿色的"接听"按钮（带有拿起电话图标的）来接电话。

图 5-23　从一个联系人详细信息窗口（左侧）上，点击"视频通话"按钮或者"语音通话"按钮来拨打
　　　　一个电话；当 Skype 显示有电话打入的时候，点击绿色的"接听"按钮来接电话

第 6 章

其他先进技术

到目前为止，在这本书中，我们一直将你的 iPhone 保持在苹果公司为 iOS 设备创建的生态环境中，这些设备包括 iPhone 自己、iPod touch 以及 iPad。

这个生态系统也被认为是一个"围墙花园"——一个被严密保护的区域，来帮助你在大多数愉快环境中拥有一个安全的计算机体验。例如，在正常状态下，iOS 只允许你安装来自苹果商店的应用程序，这些应用程序已经被苹果公司批准。这能帮助你避免安装包含恶意代码，或者会盗用你的信用卡信息的应用程序。

想要从"围墙花园"中出去的话，你需要"越狱"你的 iPhone。

我们将从备份你的 iPhone 的内容开始，这样，如果在"越狱"过程或者其他操作中出现什么问题的话，你就可以恢复它们。然后，我们将进行"越狱"，这样我们就可以使用的你 iPhone 执行高级的操作。

一旦你的 iPhone "越狱"了，你将学习如何寻找并且安装未经批准的应用程序以及备份它们，这样你就可以在以后需要的时候重新安装它们了。你将探索你的 iPhone 的两个分区，并且在 OS 分区上恢复被默默浪费的额外空间。你也将用主题来使你的 iPhone 看起来与众不同，以及当必要的时候，让只适用于 Wi-Fi 无线网络的应用程序在 3G 网络连接上运行，并且在你的 iPhone 上玩模拟的家用机或者街机游戏。

在接近尾声的篇章，我们将了解 iPhone 的物理组成。首先，我们将打开你的 iPhone，这样你就可以看见它里面有什么了。然后，我们将把它们重新组装起来——在背面安装一个金属板来强调你的个性。并且——只在你想要的情况下——我们将在你的 iPhone 里放置一个近场通信卡，这样你就可以通过在支付终端挥动你的 iPhone 来支付你的浓缩咖啡。

在最后的章节里，我们将变得有点残忍：把你的 iPhone 放回苹果"监狱"。

让我们开始吧。

项目 37：备份你的 iPhone 上的内容和设置

在你"越狱"你的 iPhone（将在下一个项目中讨论）之前，备份一下来确保你的宝贵数据和设置是安全的。然后，如果需要的话，你将能够在需要的时候恢复你的数据和设置。

高级技术达人
了解 iPhone 备份包含什么

在你使用 iTunes 的功能备份你的 iPhone 之前，了解备份包含什么以及不包含什么对你是至关重要的。否则，如果你需要从备份中恢复你的 iPhone 的话，你可能不能恢复所有你想要的文件。

你的 iPhone 可以包含大量的文件——一个 64GB 的 iPhone 可以提供大约 57GB 的空间让你来使用——但是，大多数的文件通常情况下也将在你计算机上或者在 iCloud 中。例如，如果你使用你的 iPhone 同步你的音乐、视频文件、电视节目等内容的话，你的计算机上仍然还有这些文件——所以，你的 iPhone 备份不需要包含这些。

所以，当你备份你的 iPhone 的时候，iTunes 会同步你的日历、联系人、笔记、文本信息以及设置，但不包括媒体文件或者你的 iPhone 的固件。

这意味着，如果你在你的 iPhone 上的第三方应用程序里创建文件的话，你必须将它们复制到你的计算机上或者在线存储中来保证它们的安全，因为备份你的 iPhone 时不会复制它们。如果不得不抹掉你的 iPhone 上的内容和设置，并且从备份中恢复 iPhone 的话，这些文件将不会被包含在其中。

想要备份你的 iPhone 的话，请按照如下步骤操作。

1. 通过一根 USB 数据线将你的 iPhone 连接到你的计算机上。

2. 如果 iTunes 没有自动显示 iPhone 的控制窗口的话，在"源"列表的设备类中点击 iPhone 来显示它们。

3. 如果"摘要"窗口没有显示的话，单击"摘要"按钮来显示它。

4. 在备份框中，确保"备份到这台计算机"选项按钮，而不是"备份到 iCloud"选项按钮被选择了。

5. 如果你想要对备份加密的话，请按照如下步骤操作。

a. 选择"给 iPhone 备份加密"复选框。iTunes 会显示"设置密码"对话框。下面这个插图显示了 Mac 版本的"设置密码"对话框。

b. 在"密码"框和"验证密码"框中输入一个密码。

c. 如果你想要 Mac OS X 系统在密码链中存储你的密码的话，在 Mac 上选择"在我的密码链中记住这个密码"复选框，这样，它可以为你自动输入密码。

d. 单击"设定密码"按钮。iTunes 开始备份 iPhone。

6. 如果你没有从"设定密码"对话框开始备份的话，通过在源列表中右键单击（或者在 Mac 上按住 Ctrl 单击）进入你的 iPhone 来开始，然后，在菜单中单击"备份"项目。

项目 38：使你的 iPhone 能够安装第三方软件

在像前面项目描述的那样备份完你的 iPhone 以后，你已经准备好"越狱"它了。"越狱"你的 iPhone 可以让它从苹果公司将它放入的围墙花园中逃出来，并且使你能够安装没有通过苹果公司严格审批过程的第三方应用程序和自定义软件。

在撰写本文的时候，有几个你可以用来"越狱"你的 iPhone 的应用程序，并且，某些版本的应用程序只适用于特定机型的 iPhone，所以，请确认你选择了一个将能够适用于你所拥有的 iPhone 机型的应用程序和版本。

 Redmond Pie 网站（www.redmondpie.com）是一个找到有关"越狱"工具和技术的很好的地方。你也可以通过搜索像"越狱 iPhone 4S"这样的关键词来找到很多其他的网站。

 ## 高级技术达人
了解不完美"越狱"和完美"越狱"

根据你的 iPhone 机型以及它正在运行的 iOS 版本，你可能能够在一个不完美"越狱"

和一个完美"越狱"之间进行选择。

❑ 不完美"越狱"。你必须将 iPhone 连接到你的计算机上，并且在每次你想要以"越狱"模式重新启动 iPhone 的时候，使用"越狱"应用程序。在这个项目里，我们将执行一次不完美"越狱"。

❑ 完美"越狱"。在你已经"越狱"iPhone 以后，你不必将它连接到你的计算机上就能重新启动。我们将在项目 43 中执行一次完美"越狱"，它将告诉你如何在你的 iPhone 上的 OS 分区节省空间。

正如你可以看见的，一个完美"越狱"是更可取的——所以，如果它适合于你的 iPhone 和 iOS 的版本的话，你将可能想要一个完美"越狱"。但是对于一些 iPhone 机型、iOS 版本以及计算机操作系统来说，你可能会发现只有非完美"越狱"可以使用。

在这个项目里，我们将使用一个叫做 redsn0w 的应用程序来在一台 iPhone 上执行不完美"越狱"。请按照如下步骤操作。

1. 找到并下载相应版本的 redsn0w。

2. 解压缩 redsn0w 文件：

❑ Windows 版本。单击"开始"按钮，然后单击你的用户名来打开一个显示你的用户文件夹的 Windows 资源管理器窗口。双击"下载"文件夹来打开它。右键单击 redsn0w 压缩文件，然后在菜单中单击"提取所有"项目来登录"提取压缩（压缩的）文件夹"向导。选择目标文件夹，确保"当完成时显示已提取文件"复选框被选中，然后单击"提取"按钮。

❑ Mac 版本。在底座上单击"下载"图标，然后在底部单击"在文件夹中打开"按钮。在打开的 Finder 窗口中，双击 redsn0w 压缩文件来解压缩。

3. 如果 iTunes 在运行的话，退出它。你需要这样做的原因是，如果你不这么做的话，redsn0w 将会强制 iTunes 退出，并且下一次你运行 iTunes 的时候，它将需要检查你的资料库来确保它没有问题。

4. 通过在 Windows 资源管理器窗口或者 Finder 窗口上单击 redsn0w 文件来运行 redsn0w。当 redsn0w 打开的时候，你将会看见如图 6-1 左侧所示的窗口。

5. 单击"越狱"按钮。Redsn0w 窗口会显示如图 6-1 右侧所示的窗口，它会告诉你将你的 iPhone 连接到你的计算机上，并且关机。

6. 将你的 iPhone 连接到你的计算机上。

7. 关闭你的 iPhone。按住"睡眠/唤醒"按钮，直到"滑动来关机"窗口出现，然后，将滑块滑动到右边。等待一会，直到关机进度指示器消失。

8. 单击"下一步"按钮来显示如图 6-2 左侧所示窗口，它将引导你通过按下并且按住电源键来将你的 iPhone 变成设备固件升级（DFU）模式，然后，也按住主键，最后，继续按住主键，但是放开电源键。窗口会为每一个步骤倒计时，来使过程尽可能简单。

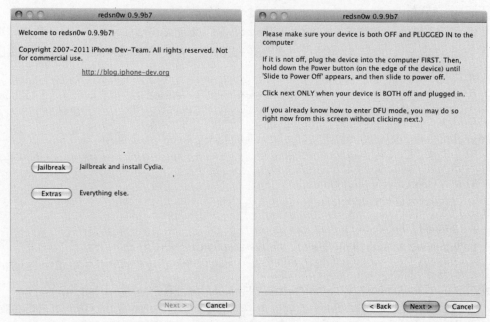

图 6-1　在第一个打开的 redsn0w 窗口（左侧）中，单击"越狱"按钮；在后来打开的窗口（右侧）中，按照指示，然后单击"下一步"按钮

9. 在你把你的 iPhone 设置成"设备固件升级"模式以后，redsn0w 会控制你的 iPhone，并且对其进行分析（见图 6-2 右侧）。然后，redsn0w 会显示"请选择你的选项"窗口（见图 6-3 左侧）。

10. 选择"安装 Cydia"复选框。

11. 单击"下一步"按钮。Redsn0w 会安装 Cydia，并且重新启动你的 iPhone。

12. 当你看见"完成"窗口（见图 6-3 右侧）的时候，单击"取消"按钮来退出 redsn0w。

现在，你已经"越狱"了你的 iPhone，你可以从它的运营商解锁它（如第 5 章项目 32 中所描述的那样），或者安装未经批准的应用程序（将在下一个项目中讨论）。

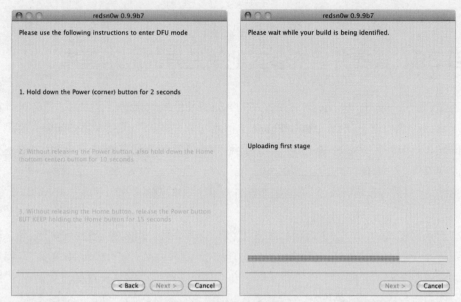

图 6-2 按照指示，以及在"设备固件升级"模式窗口（左侧）上的计时器来将你的 iPhone 放入"设备固件升级"模式，一旦你的 iPhone 进入"设备固件升级"模式，redsn0w 就可以控制它了（右侧）

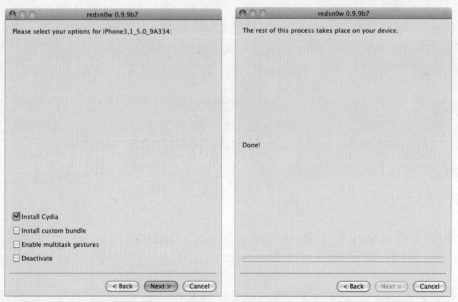

图 6-3 在"请选择你的选项"窗口（左侧）上，选择"安装 Cydia"复选框，并且单击"下一步"按钮；在"完成"窗口（右侧）上，单击"取消"按钮来关闭 redsn0w

项目 39: 寻找并且安装其他第三方的应用程序

正如你所知，你的 iPhone 的应用程序的官方资源就是苹果商店，你可以在你的计算机上使用 iTunes 访问它，或者在你的 iPhone 上使用"苹果商店"应用程序访问它。在撰写本文的时候，苹果商店有超过 50 万的可用应用程序，并且每天都在增加——所以，在这里，你可以有很广泛的选择种类。

这些应用程序都是苹果公司已经批准的适用于 iOS 设备——iPhone、iPad 以及 iPod touch。

想要获得批准的话，一个应用程序不仅必须按照苹果公司的指导方针进行编程，而且必须不能违反任何有关规则。例如，一个包含赤裸裸描写性行为的成人内容的应用程序，即使它的编码是完美无瑕的，也不会获得批准。一个以苹果公司不允许的方式使用 iOS 底层部分的应用程序也不会被批准，不管这个应用程序有多么巧妙和实用。

由于这种审批过程，一些开发商选择不将它们的应用程序提交到苹果商店。相反，他们通过其他来源使应用程序可以使用。

在撰写本文的时候，Cydia 是在 iOS 设备上安装未经批准的应用程序的主要工具。在你将它安装在一个"越狱"的 iPhone 上以后，Cydia 让你可以访问很多 iOS 软件库。这些软件包括免费的应用程序和你通过 Cydia 商店购买的需要付费的应用程序。

 这个项目假设你已经按照前面项目描述的那样"越狱"了你的 iPhone，并且安装了 Cydia。如果没有的话，请回到前面并且这样做。如果你用了不完美的"越狱"的话，使用"越狱"软件来启动到"越狱"状态。

打开 Cydia

想要打开 Cydia 的话，在你的一个主屏幕上点击 Cydia 图标，就像打开任何其他应用程序一样。在图 6-4 左侧窗口上，你可以看见 Cydia 图标在窗口的左下角，就在电话图标上面。

点击 Cydia 图标来打开 Cydia，就像你运行任何其他应用程序一样。

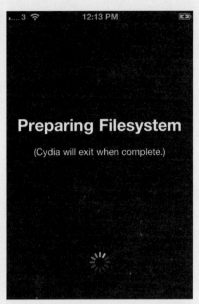

图 6-4 在一个你的 iPhone 主屏幕上（左侧）点击 Cydia 图标来运行 Cydia，你第一次运行
Cydia 的时候，你将会看见"准备文件系统"信息（右侧）

 ## 高级技术达人

了解为什么 Cydia 需要准备文件系统

你的 iPhone 明显有一个功能完全的文件系统——如果它没有的话，它就不能运行。所以，你可能很奇怪为什么 Cydia 需要准备文件系统。

这里发生的就是 Cydia 正在从 OS 分区移动应用程序和各种各样的文件到多媒体分区，并且使用符号链接重新放置它们，这样它们将可以继续工作。通过移动应用程序，Cydia 在 OS 分区上腾出了空间，这个空间能让你将其他应用程序放在上面。

我们将在项目 42 中研究文件系统的详细信息。

你第一次运行 Cydia 的时候，你将会看见 Cydia 自己形成的几分钟的"准备文件系统"信息（见图 6-4 右侧）。当 Cydia 完成准备文件系统的时候，它会自动退出。

点击 Cydia 图标来重新启动应用程序。Cydia 会显示"你是谁？"窗口（见图 6-5 左侧），它让你选择你使用 Cydia 的类型：

❑ 用户。点击这个按钮来使应用程序、调整以及主题可用。这通常是开始的最好的选择。

图 6-5　在"你是谁？"窗口（左侧）上，适当地点击"用户"按钮、"黑客"按钮或者"开发者"按钮，
然后点击"完成"按钮来显示 Cydia 窗口（右侧）

❏ 黑客。点击这个按钮来使应用程序、调整、主题以及命令行工具可用。

❏ 开发者。点击这个按钮来使所有的 Cydia 应用程序和实用程序可用。

在点击相应的按钮以后，点击"完成"按钮。然后，你将会看见 Cydia 应用程序的界面，它包含 5 个窗口，你可以通过点击在窗口底部的选项卡来在这些窗口之间切换。图 6-5 右侧窗口显示了 Cydia 窗口，你将会先看见它。

在 Cydia 中寻找应用程序

通过使用 Cydia 窗口、"分类"窗口、"变更"窗口、"搜索"窗口，你可以在 Cydia 中寻找应用程序，你可以通过点击在窗口底部的选项卡来访问这些窗口。

❏ Cydia。在这个窗口上，你可以快速地访问"特定"列表、"主题"列表以及 Cydia 商店。

❏ 分类。点击这个选项卡来显示一个包含一列不同类别（部分）的应用程序和实用程序的窗口（见图 6-6 左侧）。点击一个类别来显示它的内容（见图 6-6 右侧）。

 在 Cydia 列表中，以黑色出现的项目名称是免费的。以蓝色出现的项目名称是付费软件。对于付费软件，你可以使用亚马逊或者 PayPal 支付。

图 6-6 使用 "分类" 窗口 (左侧) 来通过类别浏览可用的软件，点击一个类别来显示它的内容 (右侧)

    ▢ 变更。点击这个选项卡来显示 "变更" 窗口 (见图 6-7 左侧)，它提供了一列最近的软件。

    ▢ 搜索。点击这个选项卡来显示 "搜索" 窗口 (见图 6-7 右侧)。然后，你可以输入一个搜索项目来寻找匹配。

图 6-7 "变更" 窗口 (左侧) 列出了最近的软件，搜索窗口 (右侧) 让你可以使用键盘搜索

使用 Cydia 安装一个应用程序

当你已经发现一个你有兴趣的应用程序的时候，点击它的按钮来显示"详细信息"窗口（见图 6-8 左侧）。然后，如果这个应用程序是免费的，你可以点击"安装"按钮来安装它，如果它不是免费的，你可以点击"购买"按钮来购买这个应用程序。

在出现的"确认"窗口（见图 6-8 右侧）上，点击"确认"按钮来继续安装过程。然后，你将会看见安装程序运行（见图 6-9 左侧）。

当安装程序显示完成窗口的时候（见图 6-9 右侧），点击"返回到 Cydia"按钮来关闭安装程序，并且返回到 Cydia。

 在安装完一些应用程序以后，你可能需要重新启动首页，就是运行主窗口的 iOS 功能。如果这样做的话，安装程序会在"返回到 Cydia"按钮的位置显示一个"重新启动首页"按钮。

图 6-8　在一个应用程序的"详细信息"窗口（左侧）上，点击"安装"按钮或者"购买"按钮；
在"确认"窗口（右侧）上，点击"确认"按钮

图 6-9　安装程序会下载应用程序的文件，然后安装它（左侧），当安装过程结束的时候，
点击"返回到 Cydia"按钮（右侧）

运行一个你使用 Cydia 安装的应用程序

在使用 Cydia 安装了一个应用程序以后，这个应用程序会显示在一个你的 iPhone 的主窗口上，就像你从苹果商店安装一个应用程序一样。图 6-10 左侧窗口显示了有几个 Cydia 应用程序安装在主屏幕的第 4 行。

点击应用程序的图标来打开应用程序。图 6-10 右侧窗口显示了 BatteryInfoLite，一个使用 Cydia 安装的应用程序。

　　　　一个区别就是你可能需要重新启动你的 iPhone 来使新安装的应用程序工作。如果你使用不完美的"越狱"的话，你将需要连接你的 iPhone 到你的计算机上，并且使用"越狱"工具来执行重新启动。

图 6-10　在你使用 Cydia 安装一个应用程序以后，它的图标会显示在主屏幕（左侧）上，点击这个图标来登录应用程序，它会正常运行（右侧）

卸载一个你使用 Cydia 安装的应用程序

想要卸载一个你使用 Cydia 安装的应用程序的话，请按照如下步骤操作。

1. 从主屏幕上，点击 Cydia 图标来运行 Cydia。

2. 点击"管理"选项卡来显示"管理"窗口（见图 6-11 左侧）。

3. 点击"软件包"按钮来显示"已安装"窗口（见图 6-11 右侧）。

4. 点击你想要卸载的应用程序的按钮。Cydia 会显示应用程序的"详细信息"窗口（见图 6-12 左侧）。

5. 点击"更改"按钮。Cydia 会显示一个对话框（见图 6-12 右侧）。

6. 点击"卸载"按钮。Cydia 会显示"确认"窗口。

7. 点击"确认"按钮。Cydia 会运行卸载程序，它将卸载应用程序。

8. 点击"返回到 Cydia"按钮来返回 Cydia。

图 6-11　在"管理"窗口（左侧）上，点击"软件包"按钮来显示"已安装"窗口（右侧），然后点击
你想要卸载的应用程序的按钮

图 6-12　在应用程序的"详细信息"窗口（左侧）上，点击"更改"按钮，然后在打开的对话框中
点击"卸载"按钮（右侧）

项目 40：备份你的 iPhone

如果你已经按照前面两个项目操作的话，现在你已经"越狱"了你的 iPhone，在它上面安装了一些未经批准的应用程序，并且正在享受使用它们的快乐。

现在有一个坏消息：如果你将你的 iPhone 的固件升级为一个新版本的话，你很可能会失去"越狱"的应用程序。这是因为，iTunes 在备份中没有那些包含"越狱"应用程序的文件夹——所以，当你在固件升级以后恢复你的 iPhone 的时候，这些应用程序将不存在了。

这并不意味着你不能升级你的 iPhone——它只是意味着你需要备份你的"越狱"应用程序，这样你就可以在固件升级以后恢复它们。

在这个项目中，我们将使用 PKGBackup 来备份你的 iPhone 的"越狱"应用程序，并且恢复它们。在撰写本文的时候，PKGBackup 是一款需要花费 7.99 美元的付费应用程序。

 不使用 PKGBackup 或者类似的应用程序，如果你喜欢的话，你可以手动备份你的"越狱"应用程序。参见项目 41 来了解从你的计算机上通过 Secure Shell 连接到你的 iPhone 上的说明，以及参见项目 42 来了解探索你的 iPhone 的文件系统来找到你需要备份的文件的说明。

购买并且安装 PKGBackup

想要获取 PKGBackup 的话，请按照如下这些通用步骤操作。

1. 像前面的项目中描述的那样运行 Cydia。
2. 搜索 PKGBackup，然后点击它的按钮来显示"详细信息"窗口。
3. 点击"购买"按钮，并按照支付过程支付。在你顺利通过付款过程以后，"安装"按钮会替代"购买"按钮的地方。
4. 点击"安装"按钮来安装 PKGBackup。
5. 在"确认"窗口上，点击"确认"按钮。
6. 当"完成"窗口出现的时候，点击"返回 Cydia"按钮。
7. 按下主屏幕键来显示主屏幕。

运行 PKGBackup，并且备份应用程序

在你安装完 PKGBackup 以后，运行 PKGBack，选择设置，并且备份你的"越狱"应用程序。请按照如下步骤操作。

1. 在主屏幕上点击 PKGBackup 图标来运行 PKGBackup。

2. 如果 PKGBackup 显示"应用程序和套件扫描不可用"对话框的话，请按照如下步骤来配置 PKGBackup。

a. 在"应用程序和套件扫描不可用"对话框中点击"设置"按钮来在"设置"应用程序中显示 PKGBackup 窗口。图 6-13 左侧窗口显示了在"设置"中的 PKGBackup 窗口的上半部分，图 6-13 右侧窗口显示了下半部分。

 如果你的 iPhone 显示了 PKGBackup 想要使用你现在的位置对话框，点击"不允许"按钮。

b. 在启动框中，将"扫描应用程序"开关、"扫描软件包"开关以及"自动备份"开关设置为开启位置。

c. 如果你想选择其他设置的话，向下滑动到 PKGBackup 窗口的下半部分（见图 6-13 右侧），并且选择它们。例如，在对话框中，你可以选择确认备份，或者选择确认恢复，以及或者输入一个备份备忘录（一个有关一个特定的备份包含什么的记录）。

d. 当你选择完设置的时候，点击"设置"按钮来显示"设置"窗口。然后按下两次主键来显示应用框序切换栏，并且点击 PKGBackup 来再 次显示应用程序。

3. 在这一点上，你应该看到 PKGBackup 窗口（见图 6-14 左侧）。点击在左上角的"设置"按钮（那个齿轮图标）来显示"设置"窗口（见图 6-14 右侧）。

4. 在"选择将你的数据存储在哪里"框中，点击"连接到 Dropbox"按钮。PKGBackup 会显示"连接账户"窗口（见图 6-15 左侧），你可以使用它连接到你的 Dropbox 账户，这样 PKGBackup 可以将数据存储在里面。

 如果你还没有 Dropbox 账户的话，在"连接账户"窗口的底部，点击"创建一个账户"链接来创建一个。

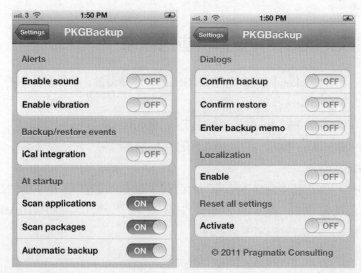

图 6-13 在"设置"应用程序中的 PKGBackup 窗口的上半部分（左侧），设置"扫描应用程序"开关、"扫描软件包"开关以及"自动备份"开关为开启位置；你也可以在 PKGBackup 窗口的下半部分选择其他设置

5. 点击"电子邮件"框，并且输入你的 Dropbox 账户使用的电子邮件地址。

6. 点击"密码"框，并且输入你的 Dropbox 账户使用的密码。

7. 点击"连接"按钮。PKGBackup 会建立连接，然后再一次显示"设置"窗口。

8. 在"以#保存备份"框中，输入一个备份的特定数字（如 5），或者保留默认的设置（0），它允许无限次地备份。

 你可能需要限制备份的数目来防止 PKGBackup 将你的 Dropbox 账户塞满。但是首先，你可能更喜欢保留 0 这个设置（无限备份），直到你看到每个备份在 Dropbox 中占据多大的空间。然后，你可以决定保留多少的备份，并且在"以# 保存备份"框中输入号码。

9. 如果你想要创建一个备份计划，使用"设置"窗口上的"重复计划"部分里的选项来设置详细信息——例如，每天在 03:00 或者每周日在 22：00。

10. 点击"接受改变"按钮来保存你已经做出的改变。PKGBackup 会让你从"设置"窗口返回主屏幕。

11. 现在，点击窗口右下角的"执行备份"按钮来进行一次备份。你将会看见 PKGBackup 备份你的数据的一个进度指示条。当 PKGBackup 显示"备份完成"对话框的时候（见图 6-15 右侧），点击"完成"按钮。

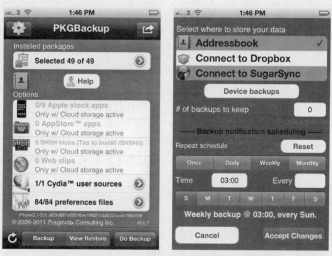

图 6-14　在 PKGBackup 主屏幕（左侧）上，点击"设置"按钮（那个齿轮图标）来显示"设置"窗口（右侧）

图 6-15　在"连接账户"窗口（左侧）上，输入你的 Dropbox 账户的详细信息或者创建一个新的账户来连接到 PKGBackup；在 PKGBackup 主屏幕上，你可以点击右下角的"执行备份"按钮，当"备份完成"对话框（右侧）出现的时候，点击"完成"按钮

使用 PKGBackup 恢复应用程序

当你需要恢复你的"越狱"应用程序的时候，请按照如下步骤操作。

1. 在主屏幕上点击 PKGBackup 图标来运行 PKGBackup。

　　如果你需要恢复你的"越狱"应用程序的原因是一次 iPhone 固件升级已经移除了它们的话，你将会需要 PKGBackup 并且首先运行它。这意味着"越狱"iPhone，安装 Cydia，使用 Cydia 来安装 PKGBackup，然后连接 PKGBackup 到你的 Dropbox 账户，这样的话，它就可以访问你的备份了。

2. 点击在窗口底部的"查看恢复"按钮来显示"恢复"窗口（见图 6-16 左侧）。

3. 点击"选择备份"按钮来显示可用备份的列表（见图 6-16 右侧）。

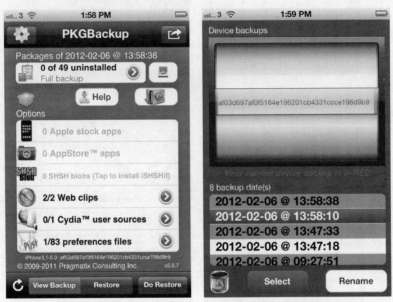

图 6-16　在"恢复"窗口（左侧）上，点击"选择备份"按钮来显示"设备备份"窗口（右侧），点击你想要使用的备份，然后点击"选择"按钮

4. 点击你想要使用的备份。

5. 点击"选择"按钮。PKGBackup 会显示带有备份详细信息的主屏幕。

6. 点击"执行恢复"按钮。PKGBackup 会恢复应用程序，并且显示"恢复完成"对话框（见右图）。

7. 如果你已经准备好重新启动你的 iPhone 来使改变内容生效的话，点击"重新启动"按钮。

项目 41: 通过 SSH 从你的计算机连接到你的 iPhone

在这个项目中，我们将看一看如何使用 Secure Shell（SSH）连接到你的"越狱"iPhone。通过 SSH 连接使你能够访问 iPhone 的文件系统，并且来回传输文件。

 　　SSH 是一个你用来在两个计算机之间建立一个安全连接的网络协议。一台计算机是一个 SSH 服务器，设置它接收来自 SSH 客户端的连接。在这个项目中，你的 iPhone 是 SSH 服务器，你的计算机是 SSH 客户端。

这些是我们将在这个项目中做的:

☐ 在你的 iPhone 上安装一个叫做 OpenSSH 的免费 SSH 应用程序。这就是在你的 iPhone 上运行 SSH 服务器的应用程序。

☐ 在你的 iPhone 上安装一个叫做 SBSettings 的免费实用应用程序。这个应用程序使你能够控制首页、打开和关闭系统服务。你需要 SBSettings 来打开和关闭 OpenSSH，因为 OpenSSH 没有用户界面。

☐ 在你的 PC 或者 Mac 上安装一个叫做 FileZilla 的免费 SSH 功能应用程序。

☐ 连接到你的 iPhone。

在你像这个项目中讨论的那样建立连接以后，你可以探索你的 iPhone 的系统分区以及多媒体分区（如项目 42 中所述），或者从你的 iPhone 的系统分区恢复空间（如项目 43 所述）。

在你的 iPhone 上安装 OpenSSH 和 SBSettings

想要在你的 iPhone 上安装 OpenSSH 和 SBSettings 的话，请按照如下步骤操作。

1. 如项目 39 中描述的那样运行 Cydia。
2. 搜索 openssh，然后点击它的按钮来显示"详细信息"窗口。
3. 点击"安装"按钮。你的 iPhone 会显示"确认"窗口。
4. 点击"确认"按钮来确认安装。然后，Cydia 会下载 OpenSSH，并且运行安装程序。
5. 当安装程序显示"完成"窗口的时候，点击"返回 Cydia"按钮来返回 Cydia。
6. 重复步骤 2-5，但是，这次搜索 sbsettings 并且安装 SBSettings 应用程序。

在你的计算机上安装 FileZilla

下一步，下载 FileZilla，并在你的 PC 或者 Mac 上安装它。请按照如下步骤操作。

1. 打开你的网页浏览器，并且转到 FileZilla 网站，http://filezilla-project.org。

2. 适当地下载并安装 Windows 版或者 Mac 版本的最新版本 FileZilla 客户端。

☐ Windows 版本。运行你下载的文件，然后按照安装过程操作。如果你是你的计算机的管理员的话，你可以选择为所有用户安装 FileZilla，或者只为你自己安装。并且在 "选择组件" 窗口（见下图）上，选择要安装哪个选装件。Shell 扩展组件让你可以在 Internet Explorer 和 FileZilla 之间拖曳文件，通常是很有用的；是否安装图标集、语言文件以及桌面图标都是依你而定的。

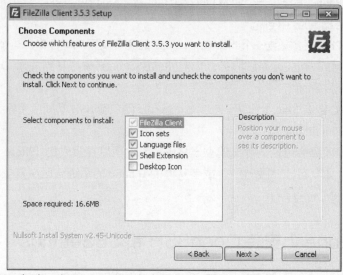

☐ Mac OS X 版本。如果 Safari 没有为你打开压缩文件的话，打开它，然后将 FileZilla 应用程序拖曳到应用程序文件夹中。现在，保持应用程序文件夹是打开状态，这样你就可以在下一步中打开 FileZilla 了。

3. 打开 FileZilla：

☐ Windows 版本。在安装程序的 "完成 FileZilla 客户端安装" 窗口上，选择 "现在开始使用 FileZilla" 复选框，然后单击 "完成" 按钮。在将来，选择 "开始 | 所有程序 | FileZilla FTP 客户端 | FileZilla"。

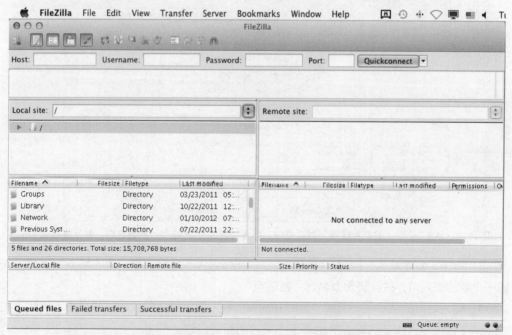

❏ Mac OS X 版本。在显示"应用程序"文件夹的 Finder 窗口中，按住"选项"键并且双击 FileZilla 图标。（在你双击图标的时候按住"选项"键可以使 Finder 窗口在应用程序打开的时候关闭。）

4. 如果 FileZilla 显示"欢迎来到 FileZilla"对话框的话，单击"完成"按钮来关闭它。然后，你将会看见 FileZilla 主窗口。图 6-17 显示了 Mac 版本的界面。

使用 SBSettings 来寻找你的 iPhone 的 IP 地址，并且打开 SSH

现在运行 SBSettings，并且使用它来寻找你的 iPhone 的 IP 地址，并且打开 SSH。请按照如下步骤操作。

1. 从主屏幕上，点击 SBSettings 图标来运行 SBSettings。

2. 按下主键来再一次显示主屏幕。

3. 从左到右在主屏幕顶部的状态栏上移动你的手指来显示 SBSettings 面板。

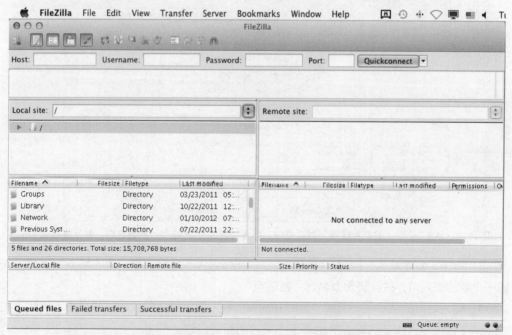

图 6-17　从 FileZilla 主窗口上，你可以通过 SSH 快速地连接到你的 iPhone 上

4. 记录 IP 地址，它显示在靠近底部的 Wi-Fi IP 地址栏里——例如，10.0.0.44 或者

192.168.1.153。

    5. 如果第二行右边的 SSH 图标是红色的话（表明 SSH 是关闭的），点击图标。当图标变绿的时候，SSH 就被打开了。

    6. 点击左上角的"关闭"按钮（那个 × 按钮）来关闭 SBSettings。

在 FileZilla 中创建连接

    现在，在 FileZilla 中创建到你的 iPhone 的连接。请按照如下步骤操作。

    1. 单击工具栏左边的"站点管理器"按钮，或者选择"文件｜站点管理器"来显示"站点管理器"对话框（见图 6-18，上面显示了 iPhone 正在创建一个站点）。

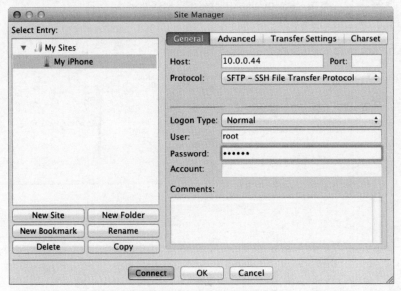

图 6-18　从 FileZilla "站点管理器"对话框中，你可以创建 FTP 站点，管理它们，并且连接到它们

    2. 单击"新建站点"按钮。FileZilla 在"选择进入"面板上的"我的站点"列表中创建一个新的进入口，并且将它命名为"新站点"。

    3. 输入站点的名称——例如"我的 iPhone"——覆盖默认的名称，并且按下确认（在 Windows 系统中，或者回车（在 Mac 上）来应用新的名称。

    4. 在"主机"框中单击，并且输入你在前面章节中查到的 IP 地址。

    5. 保留"接口"框为空白。

6. 打开"协议"下拉菜单，并且选择"SFTP-SSH 传输协议"。

7. 打开"登录类型"下拉菜单，并且选择"普通"。

8. 在"用户"框中点击，并且输入 root。

 根用户是基于 Unix 的操作系统的超级管理员。

9. 在"密码"框中单击，并且输入标准密码，alpine。

保持"站点管理器"打开，这样的话，你就已经如下一章节中描述的那样准备好连接了。

连接到你的 iPhone

现在，你已经为你的 iPhone 在 FileZilla 中创建了一个站点，你可以快速地连接它。请按照如下步骤操作。

1. 确保你的 PC 或者 Mac 连接在与 iPhone 相同的网络上。

 你的 PC 或者 Mac 并不一定必须连接到与 iPhone 相同的无线网络上。如果你有一个结合有线和无线的网络端口的话，你的计算机可以连接到有线端口，而 iPhone 可以连接到无线端口上。

2. 在 FileZilla 中的"站点管理器"窗口中，单击你的 iPhone 的站点，然后单击"连接"按钮。

 如果密码 alpine 不能在连接到你的 iPhone 时起作用，并且也没有通过使用"越狱"的实用程序来设置一个不同的密码的话，在线搜索其他标准密码来试一试。使用像"连接 iphone ssh 密码"这样的关键词搜索。

3. 如果你看见"未知的主机密钥"对话框（见下页图，这个密钥能提醒你你的计算机不知道 SSH 服务器的主机密钥，并且这样无法确认识别）的话，在主机那一行确认 IP 地址，然后单击"OK"按钮。如果你感到信任的话，你可以在单击"完成"按钮之前，选择"始终信任该主机，将这个密钥添加到缓存"复选框。

然后，FileZilla 会在右侧面板中显示你的 iPhone 的文件系统（见图 6-19）。左侧面板显示了在你的 PC 或者 Mac 上的当前文件夹。

现在，你已经准备好要探索你的 iPhone 的分区了。想要了解详细信息，请参见下一个项目。

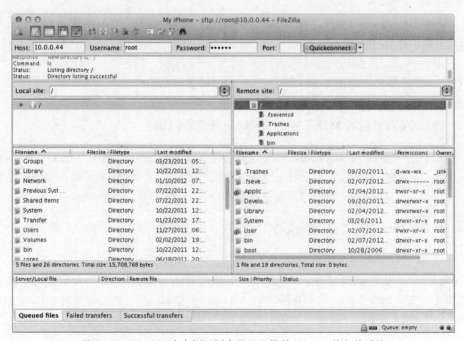

图 6-19　FileZilla 在右侧面板中显示了你的 iPhone 的文件系统

高级技术达人
改变你的 iPhone 的根密码

当你在正文中阅读到大多数的 iPhone 使用相同的根密码"alpine"的时候，你是否会想到"哦，不……"

我敢肯定，你非常清楚一个被知道的密码就是一个被公开的密码。所以，如果你想要能够通过 SSH 安全地连接到你的 iPhone 上的话，你需要改变你的 iPhone 的根密码。

苹果公司并没有给你提供做到这一点的方法，所以，你需要转到"越狱"软件上。你所需要的就是一个叫作"移动终端（mobiletermind）"的终端应用程序——在 iOS 中相当于命令提示符（在 Windows 系统中）或者终端实用程序（在 Mac 上），你可以使用来给出命令来改变密码。

打开 Cydia，在底部点击"搜索"选项卡，然后搜索"移动终端"。点击搜索结果并且阅读描述。

如果描述说移动终端兼容你正在使用版本的 iOS（在撰写本文时是 iOS 5）的话，点击"安装"按钮来下载并安装它。

如果描述说移动终端不兼容这个版本的 iOS 的话，你将需要使用来自 iJailbreak.com 这个网站的外部库。请按照如下步骤来添加这个库，并将它作为应用程序的来源。

1. 在 Cydia 中，单击底部的"管理"选项卡来显示"管理"窗口。

2. 点击"源"按钮来显示"源"窗口（见下一个插图左侧）。

3. 点击左上角的"编辑"按钮来打开"编辑"模式。"添加"按钮会取代"编辑"按钮的位置。

4. 点击"添加"按钮来显示"输入 Cydia/APT URL"对话框（见下一个插图右侧）。

5. 点击 URL http://www.ijailbreak.com/repository/。

6. 点击"添加源"按钮。你将会看见更新源窗口，Cydia 会更新它的源列表。

7. 当"完成"窗口出现的时候，点击"返回 Cydia"来返回 Cydia。

8. 点击"搜索"选项卡，并且再一次搜索"移动终端"。这一次，你将会看见来自 iJailbreak.com 库的版本。这个版本是兼容 iOS 5 的。

9. 点击"安装"按钮来显示"确认"窗口。

10. 点击"确认"按钮。Cydia 会下载并安装移动终端。

11. 点击"返回 Cydia"按钮来返回 Cydia。

现在，你可以使用移动终端来改变你的密码了。请按照如下步骤操作。

1. 在主屏幕上，点击终端图标来运行移动终端（见插图，带有发出的命令）。

2. 输入下列命令。

su root

3. 点击"回车"按钮。移动终端会提示你输入密码。

4. 输入默认密码：

alpine

5. 点击"回车"按钮。你将会看见另外一个提示，像下面这样：

iPhone:/variable/mobile root#

6. 输入改变密码的命令：

passwd

7.　点击"回车"按钮。移动终端会提示你输入新的密码。

8.　输入你想使用的新密码。

9.　点击"回车"按钮。移动终端会提示你再输入一次新密码。

10.　再一次输入新密码，并且再一次点击"回车"按钮。然后，你将会再一次看见提示：

iPhone:/variable/mobile root#

11.　输入编辑命令：

exit

12.　点击"回车"按钮。

13.　按下主键来返回到主屏幕。

现在，你的 iPhone 使用了你设置的新的根密码。从现在开始，你将需要使用这个密码来通过 SSH 进行连接。

项目 42：探索你的 iPhone 的 OS 分区和媒体分区

一旦你已经按照前面项目描述的那样通过 SSH 连接到你的 iPhone 上，你已经准备好要探索它的分区了。在这一章节中，你将学习到两个分区，如何探索它们，如何从你的 iPhone 上复制文件或者复制文件到你的 iPhone 上，以及当你完成的时候，如何让从 iPhone 上断开连接。

　　　　想要按照这个项目操作,你必须已经按照项目 41 中描述的那样通过 SSH 连接到了你的 iPhone 上。

了解两个分区

iPhone 使用两个分区——OS 分区以及媒体分区。

OS 分区

OS 分区包含了 iOS 系统的文件以及其他重要文件。

这个分区相对来说较小——尺寸会根据iOS版本的不同进行改变，但是对于iOS 5 来说，它通常情况下都是在 1GB 到 2GB 之间。

OS 分区通常被设置为只读，并且 iOS 被设计为不会向上面写东西。在正常情况下，OS 分区唯一被写入的时候就是当你进行固件升级以及恢复你的 iPhone 的时候。

Cydia 使 OS 分区可读，这样的话，它就可以在分区上进行改变。Cydia 通过从 OS 分区移动"应用程序"文件夹（包含内置应用程序的文件夹）和各种其他文件夹到媒体分区来为自己腾出空间，为需要在 OS 分区上的应用程序添加空间。Cydia 会创建一个到"应用程序"文件夹和其他文件夹的符号链接，这样的话，应用程序仍然能正常运行，并且 iOS 也会正常工作。

 一个符号链接就是指向另外一个文件或者文件夹的文件，就像是 Windows 中的快捷方式，或者 Mac 上的别名。

媒体分区

媒体分区包含你的媒体文件——歌曲、视频、广播等。

这个分区会在你的 iPhone 上占据被 OS 分区占据以后剩下的所有空间。

例如，假设你有一个 64GB 的 iPhone。这些 64"千兆字节"每一个实际上是十亿个字节，而不是真正的 1073741824 字节（1024×1024×1024 字节）的"千兆字节"，所以，实际的容量是 59.6 个真正的"千兆字节"。OS 分区会占据 1GB 到 2GB 的空间，给你在媒体空间上剩余 57GB 到 58GB。

想要在 OS 分区上为自己创造空间，以及为任何只能在 OS 分区上运行的应用程序创造空间的话，Cydia 会从 OS 分区将各种各样的文件夹移动到媒体分区上。

 # 高级技术达人

了解为什么一些应用程序必须从 OS 分区上运行

大多数使用正常编程技术编写的应用程序既可以从 OS 分区运行（如苹果公司计划的一

样），也能使用符号链接从媒体分区上运行。在你"越狱"了你的 iPhone，并且安装了 Cydia 以后，Cydia 会将这样的应用程序放在媒体分区上，在 OS 分区上保留空间。

但是一些应用程序是硬编码的——它们将需要使用的路径编写在代码中，而不是使用指向文件真实存在地方的变量。硬编码应用程序必须在 OS 分区上运行，因为它们不能从媒体分区上正确运行。

对付你的 iPhone 文件系统上的分区和文件夹

在使用 FileZilla 连接到你的 iPhone 的文件系统以后，你将会看见它所包含的文件夹。在这个章节中，我们将快速浏览一下这些关键文件夹。这个例子使用 Windows 系统窗口，但是在 Mac 上，操作也是相同的。

想要进行这个过程，请按照如下步骤操作。

1. 沿着图 6-20 的步骤设置 FileZilla 窗口，这样的话，你可以看到"远程站点"面板：

❏ 选择"查看｜消息日志"，从菜单项目中删除复选标记来隐藏消息日志。这是显示命令的面板——如显示"状态：目录列表成功"。

❏ 选择"查看｜传输队列"，从菜单项目中删除复选标记来隐藏传输队列。这是在 FileZilla 窗口底部显示文件传输过程的面板。

❏ 如果"远程目录树"面板没有显示的话，选择"查看｜远程目录树（在命令旁边放置一个复选标记）"来显示它。

❏ 拖曳"本地目录树"面板以及"本地站点"面板、"远程目录树"面板以及"远程站点"面板之间的竖条，这样的话，"远程站点"面板就足够宽，可以显示它所有的文件。你可能需要在你浏览的时候调整面板的宽度。你也可能需要通过将总列标题之间的区域向左或向右拖曳来改变"远程目录树"面板上纵列的宽度。

2. 在"远程站点"面板的顶部，你将会看见根目录，它以一个正斜杠（/）表示，就如在基于 Unix 的文件系统中自定义的一样。单击根目录来在"远程目录树"面板中显示它的内容的一个列表（见图 6-20）。

3. 如果根目录重叠了的话，单击"+"符号或者打开它左侧的三角形符号来展开它。你也可以简单地双击项目。下面这个插图显示了你将会看见的列表。

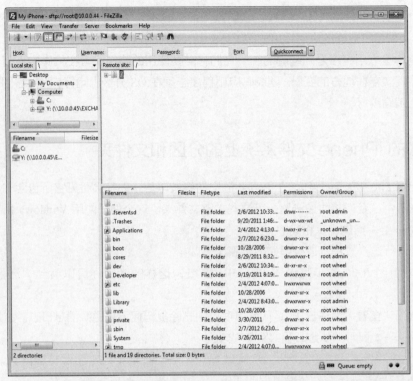

图 6-20　在 FileZila 窗口中，隐藏信息日志和传输队列，然后拖曳主垂直分隔栏到左侧来给
"远程站点"面板（右上角）和"远程目录树"面板（右下角）更多的空间

正如在 Windows 资源管理器中一样，在 FileZilla 中一个文件夹左侧的在一个框中的"+"符号表示你可以展开它，一个"-"符号表示你可以折叠它。同样，在 Mac 上，一个灰色向下指的展开三角形表示你可以展开它，一个灰色的向右指的折叠三角形表示你可以折叠它。

4. OS 分区被安装在根目录里，所以 OS 分区的内容会直接显示在根文件夹——"应用程序"文件夹、bin 文件夹、启动文件夹，等等中。媒体分区被安装在私人文件夹中，我们将在一分钟内访问它。

5. 在 iPhone 的正常、非"越狱"状态下，"应用程序"文件夹包含了应用程序——Safari 浏览器、邮件、通话以及所有其他应用程序。但是正如你前面读到的一样，Cydia 移动"应用程序"文件夹的内容来为自己在 OS 分区上腾出空间。试一下双击"应用程序"文件夹。FileZilla 会按照符号链接的指示，显示/private/var/stash/Applications.goGsbl 文件夹的内容（见图 6-21），那里就是 Cydia 将应用程序移动到的文件夹，而不是显示"应用程序"文件夹的内容。

在图 6-21 中，你也可以看见 Cydia 已经移动过来的其他项目，包括"铃声"文件夹以及"壁纸"文件夹。

6. 随着 Applications.goGsbl 文件夹在"远程站点"面板中被选中，看一下"远程目录树"面板。在这里，你可以看见在文件夹中应用程序的列表，包括"苹果商店"应用程序、"照相机"应用程序以及 Cydia 应用程序。

7. 在"远程站点"面板上向上滑动，直到你可以看见移动文件夹（仍然是在/private/var/下），然后双击它来打开。

8. 现在，让我们找你的歌曲。首先，展开在移动文件夹下面的"媒体"文件夹。

9. 下一步，展开在"媒体"文件夹下面的"iTunes 控制"文件夹。

10. 然后展开在"iTunes 控制"文件夹下面的"音乐"文件夹。

11. 最后，单击一个名称以 F 开头的文件夹——F00 文件夹。它所包含的歌曲文件列表会出现在"远程目录树"面板中（见图 6-22）。

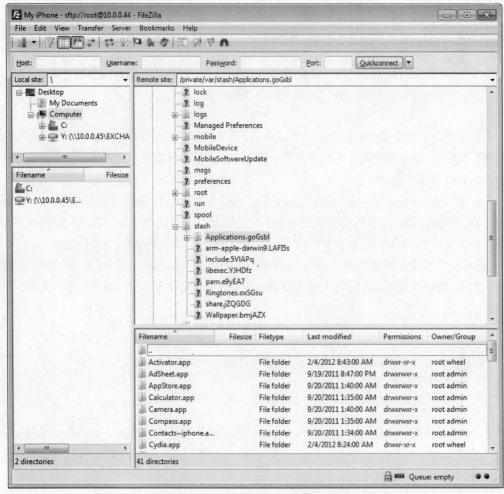

图 6-21 在一个"越狱"iPhone 中双击"应用程序"文件夹将会把你带到/private/var/stash/Applications.
goGsbl 文件夹，Cydia 在这里存储应用程序

 看一下在"远程目录树"面板中列出的歌曲，你将会注意到它们拥有神秘的、4 个字符的名称——如 AATV.mp3 以及 AIKK.m4a。iTunes 和你的 iPhone 的"音乐"应用程序使用这些文件名称，而不是歌曲的标题（或者由它们转变的），来在 iPhone 上唯一识别歌曲。

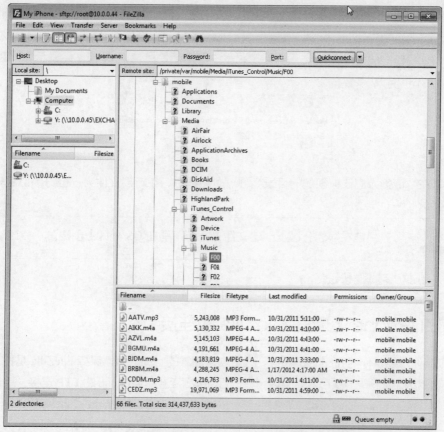

图 6-22　打开/private/var/mobile/Media/iTunes_Control/Music/文件夹中的一个子文件夹来看一下
你已经在你的 iPhone 上下载的歌曲

正如你可以看见的，你的 iPhone 有很多其他文件夹，但是，我们现在将会结束这次操作。如果你想要向你的 iPhone 上复制文件或者从它上面复制出文件的话，保留 FileZilla 窗口是打开的，如下一节描述的那样。

复制文件到你的 iPhone 上，并且从它上面复制文件

在使用 FileZilla 连接到你的 iPhone 上以后，你可以轻松地通过在"本地站点"面板和"远程站点"面板之间拖曳文件来复制文件到它上面或者从它上面复制文件。

为了在你的 iPhone 上存储你的文件，你将很可能想要创建一个或者更多你自己的文件夹，

而不是使用 iPhone 上面已经存在的文件夹。想要创建一个文件夹的话，请按照如下步骤操作。

1. 在"远程站点"面板中，右键单击（或者在 Mac 上按住 Ctrl 键单击）你想要在其中创建一个新文件夹的文件夹，然后在下拉菜单中单击创建目录。FileZilla 会显示"创建目录"对话框（见下图）。

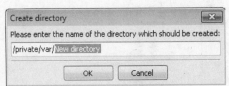

2. 在"请输入应该被创建的目录名称"对话框中，在新建文件夹占位符的位置输入文件夹名称。

 只能在媒体分区上创建文件夹，而不能在 OS 分区上创建。

3. 单击"完成"按钮。

从你的 iPhone 上断开 FileZilla 的连接

如果你想要从你的 iPhone 的系统分区上恢复额外的空间的话，保持 FileZilla 是打开的，并且向右移动到下一个项目。如果现在你已经完成了到你的 iPhone 的 FTP 连接，单击工具栏上的"断开连接"按钮（那个带有红色×的按钮）来从你的 iPhone 上断开连接。

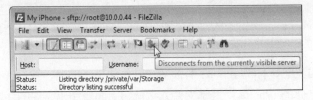

项目 43：从你的 iPhone 的 OS 分区上恢复额外的空间

正如你在前面项目中看见的那样，你的 iPhone 使用两个分区：一个 OS 分区，它主要被 iOS 的重要文件以及内置文件占据，以及一个为你的音乐、视频和其他文件提供区域的媒体分区。

如果你已经用完了你的 iPhone 上的空间的话，你可能想要从 OS 分区上恢复自由空间，这样的话，你就可以使媒体分区变得更大。

　　在这个项目中，我将会告诉你如何找出 OS 分区有多大的自由空间，这样的话，你就可以决定你是否想要恢复它，因为，这里可能没有足够的空间值得做这个操作。然后，我将告诉你如何通过在 Mac 上使用 Pwnage 工具来执行完美"越狱"，从而恢复空间。

　　　　在撰写本文的时候，SnOwbreeze 在 Windows 系统中等价于 Pwnage Tool，只能执行不完美"越狱"，而不是完美"越狱"。当你读到这里的时候，查看当前版本的 SnOwbreeze 是否可以执行完美"越狱"。如果可以的话，下载 SnOwbreeze，从压缩文件中提取应用程序文件，双击应用程序文件来运行 SnOwbreeze。然后，你将会需要在 Windows 7 或者 Windows Vista 上通过"用户账户控制"来允许 SnOwbreeze 运行。在这以后，在 SnOwbreeze 上"越狱"与在 Pwnage 工具上"越狱"的方式是一样的，所以你可以按照本章节中的说明进行操作。

看一下在 OS 分区上有多少空间是空闲的

　　想要看一下在你的 iPhone 上的 OS 分区里有多少空间是空闲的话，请按照如下步骤操作。

1. 从主屏幕上运行 Cydia。
2. 点击"管理"选项卡来显示"管理"窗口（见图 6-23 左侧）。

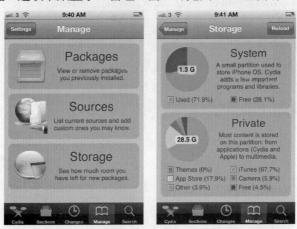

图 6-23　在"管理"窗口（左侧）上点击"存储"按钮来显示"存储"窗口（右侧），它会显示在你的 iPhone 的系统分区（OS 分区）和私人分区（媒体分区）上有多少空间是空闲的

3. 点击"存储"按钮来显示"存储"窗口（见图 6-23 右侧）。

4. 在顶部的"系统"框中，看一下"已使用"和"空闲"情况。（系统分区就是 OS 分区。）

 在存储窗口底部的"私人"框中显示了在你的 iPhone 上占据空间的内容——主题、苹果商店、其他、iTunes、照相机的分类，以及还有多少空间是空闲的。

在 OS 分区上释放空间

如果你觉得在 OS 分区上有足够的空间值得释放，并且你使用一台 Mac 的话，你可以使用叫作"Pwnage Tool"的"越狱"工具来执行一次完美"越狱"。Pwnage Tool 使你能够创建一个自定义的 iOS 固件文件，然后你可以通过将它恢复到你的 iPhone 上来安装它。在创建自定义固件文件的时候，你可以设置 OS 分区的大小。

想要获取 Pwnage Tool 的话，转到像 iJailbreak.com（www.ijailbreak.com）或者 Redmond Pie（www.remondpie.com）这样的网站。按照链接到下载部分，然后下载最新版本。如果这些网站已经不存在的话，使用你最喜欢的搜索引擎或者 P2P 客户端搜索"Pwnage Tool"。

下载完 Pwnage Tool 以后，如果 Mac OS X 没有为你自动打开磁盘映像文件的话，打开它。然后，你可以将 Pwnage Tool 图标拖曳到侧边栏的"应用程序"文件夹中来在"应用程序"文件夹中安装 Pwnage Tool，然后双击它的图标来运行它，或者只是简单地双击图标来从磁盘映像运行 Pwnage Tool。

如果 Pwnage 工具显示"在启动时检查更新"对话框（见下图）的话，单击"是"按钮来检查一个更新的版本。因为苹果公司很频繁地改变 iOS，并且"越狱"开发人员必须更新他们的软件来对付改变，所以拥有最新的版本是一个好主意。

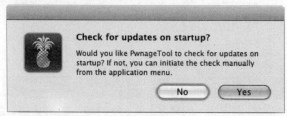

然后，你会看见"Pwnage Tool"窗口（见图 6-24），并且你可以开始使用 Pwnage Tool 了。请按照如下步骤操作。

1. 单击工具栏上的"专家模式"按钮来从"简单"模式切换到"专家"模式。
2. 在窗口的主要部分，单击进入 iPhone。
3. 在窗口的右下角，单击那个箭头按钮。Pwnage Tool 会显示"浏览 IPSW"窗口（见图 6-25）。

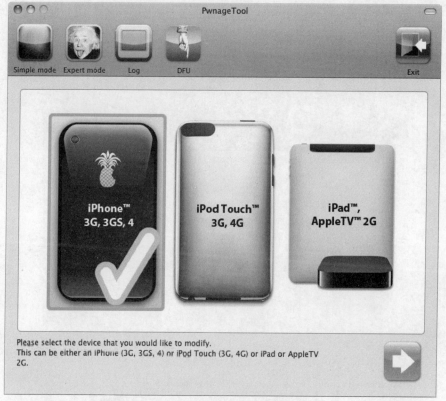

图 6-24　在"Pwnage 工具"窗口，单击工具条上的"专家模式"按钮，在主面板上单击进入 iPhone，然后单击右下角的箭头按钮

　IPSW 是"iPod 软件"文件的缩写和文件扩展名。（名称是"iPod 软件"，而不是"iPhone 软件"很可能是因为 iPod 早于 iPhone 发布。）一个 IPSW 文件是一个包含需要恢复或者升级一个 iPhone、iPad、iPod 的固件的压缩存档。

4. 双击"浏览 IPSW"按钮来显示"打开"对话框。

如果你已经下载了 IPSW 文件的话，它将在你的"下载"文件夹中，除非你将它放在了别处——在这种情况下，你会知道在哪里查看。如果你想要使用 iTunes 下载的最新的 IPSW 文件的话，你将会在 ~ /Library/iTunes/iPhone Software Updates/文件夹（在这里，波浪线~代表你的本地文件夹）中找到它。每次你下载一个新的 IPSW 文件，iTunes 会删除上一个，以免过多占用你的硬盘空间——所以，如果你想要保存它的话，在下载一个更新之前制作一个备份。

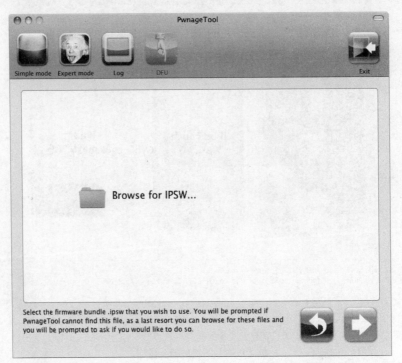

图 6-25 在"浏览 IPSW"窗口，双击"浏览 IPSW"按钮，然后定位你想要使用的 iPhone 软件恢复包

5. 导航到包含 IPSW 文件的文件夹。

6. 单击 IPSW 文件，然后单击"打开"按钮。Pwnage Tool 会显示如图 6-26 所示窗口。

7. 单击"通用"按钮来选择它。

8. 单击右下角的箭头按钮来显示"通用设置"窗口（见图 6-27）。

9. 在"根分区尺寸"框中，输入你想要的 OS 分区的大小。你可以输入数字，或者拖曳侧边栏，通常情况下，输入更简单。

 想要计算出 OS 分区需要多少空间的话，计算一下在 Cydia 中的存储窗口上你当前的使用量，如图 6-23 所示（在本章前面内容中）。

10. 单击"返回"按钮——那个带有逆时针卷曲箭头的按钮——来返回如图 6-26 所示窗口。

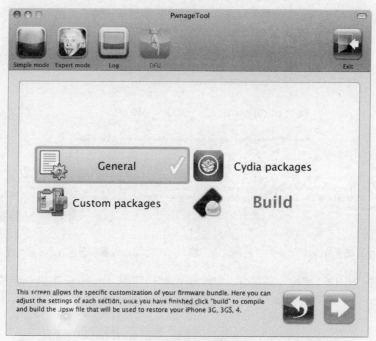

图 6-26　"Pwnage Tool"这个窗口上，你可以为你的 iPhone 组装一个自定义的 IPSW 文件，你也可以选择 OS 分区的大小

11. 如果你想要控制 IPSW 文件包含哪些 Cydia 包的话，单击"Cydia 包"按钮来选择它，单击箭头按钮，然后在"Cydia 设置"窗口上做出你的选择。当你准备好继续的时候，单击"返回"按钮。

12. 如果你想要在 IPSW 文件中添加自定义包的话，单击"自定义包"按钮来选择它，单击箭头按钮，然后在"自定义包设置"窗口上做出你的选择。当你准备好返回到配置窗口的时候，单击"返回"按钮。

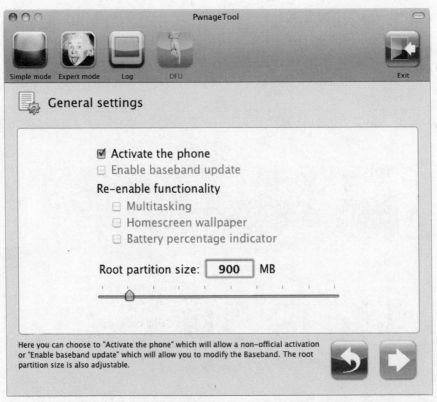

图 6-27　在 Pwnage Tool 的"通用设置"窗口上，你可以设置根分区（OS 分区）的大小

13. 单击"创建"按钮来选择它，然后单击箭头按钮。Pwnage 工具会显示"保存"对话框（见下图）。

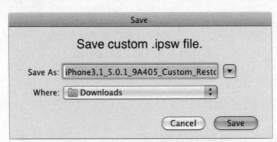

14. 在"保存为"框中，编辑建议的名称或者按照需要输入一个新名称。

15. 选择将文件保存到哪里。你可以在"哪里"弹出菜单中选择一个不同的文件夹，或者单击"保存为"框右侧的向下箭头按钮来展开"保存"对话框，然后导航到你想要的文件夹。

16. 单击"保存"按钮来保存文件。Pwnage Tool 会创建 IPSW 文件，并且使用你选择的文件夹和文件名来保存它。

17. 当"Pwnage Tool"已经完成创建 IPSW 文件以后，它会显示"连接设备到 USB"窗口（见图 6-28）。

18. 通过 USB 数据线将你的 iPhone 连接到你的计算机上。Pwnage Tool 会检测你的 iPhone，并且显示如图 6-29 中所示窗口，它将引导你按照相应步骤将你的 iPhone 设置为 DFU 模式。

19. 按照说明按下电源键和主键来将你的 iPhone 设置成 DFU 模式。

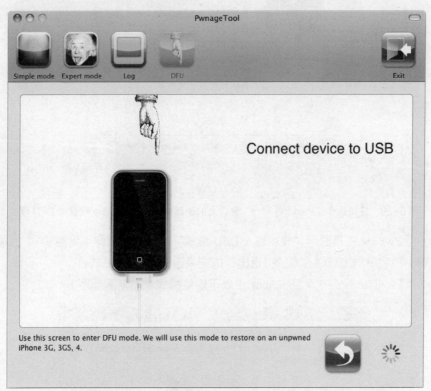

图 6-28　当 Pwnage Tool 显示"连接设备到 USB"窗口的时候，通过 USB 将你的 iPhone
连接到你的计算机上

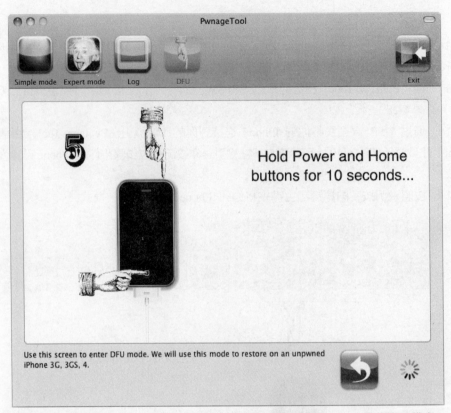

图 6-29　按照这个"Pwnage Tool"窗口上的说明来将你的 iPhone 设置为 DFU 模式

20. 当 Pwnage 工具显示"成功进入 DFU 模式"对话框的时候（见图 6-30），单击"完成"按钮。然后单击工具栏右端的"退出"按钮来退出"Pwnage Tool"。

21. 然后，iTunes 会检测到 iPhone 正处于恢复模式（见下面插图）。

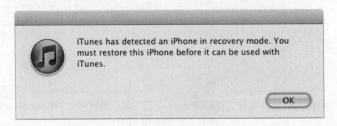

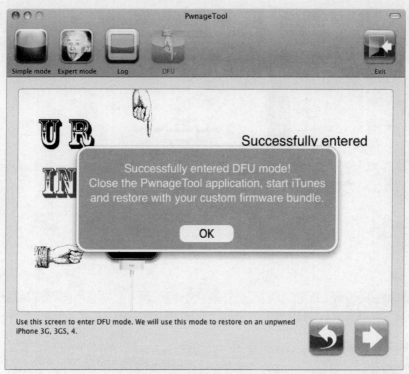

图 6-30 在"成功进入 DFU 模式"对话框中单击"完成"按钮，然后单击在工具条右端的"退出"按钮来退出"Pwnage Tool"

22. 单击"完成"按钮来关闭对话框。然后，iTunes 会将 iPhone 添加到"源"列表里的"设备"类别中，并且为 iPhone 显示摘要窗口（见图 6-31）。

23. 按住 OPTCON 链单击"还原"按钮来显示"打开"对话框。

24. 导航到你存储你的自定义 IPSW 文件的文件夹，然后单击文件。

25. 单击"打开"按钮。iTunes 会显示如下所示的一个对话框，它会告诉你它将抹掉数据并且还原你的 iPhone。

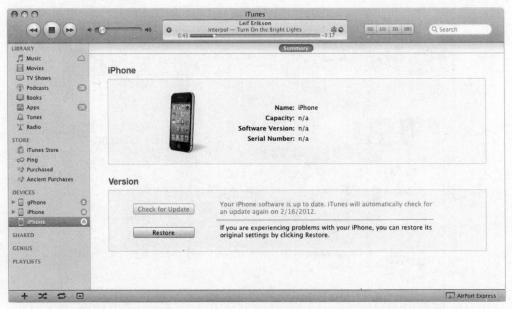

图 6-31　从 iPhone 的"摘要"窗口上，你可以选择还原你的自定义 IPSW 文件到你的 iPhone 上

26．单击"还原"按钮。iTunes 会进行还原操作，从 IPSW 文件中提取软件，然后将它安装在 iPhone 上。当 iTunes 完成的时候，你将会看见如下所示的对话框，告诉你 iPhone 已经被还原成出厂设置，并且正在重新启动中。

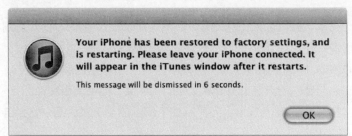

27．单击"完成"按钮来关闭对话框，或者允许 iTunes 完成倒计时，并且自己关闭对话框。

28．然后，你的 iPhone 会重新启动，并且出现在 iTunes 的"设备"列表中。iTunes 会显示"设置你的 iPhone"窗口（见图 6-32）。

29．选择"从选项备份中还原"按钮。

30．在弹出菜单中，选择正确的 iPhone 和备份。最新的备份就是 iPhone 的名称，早一点的备份也会显示它们的日期和时间。

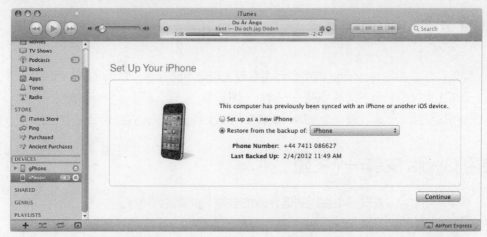

图 6-32   在"设置你的 iPhone"窗口上，选择"从选项备份中还原"按钮，在弹出菜单中，
选择正确的 iPhone 和备份，然后单击"继续"按钮

31. 单击"继续"按钮。如果你使用了一个密码来对备份加密的话，iTunes 会显示"输入密码"对话框（见下图）；输入密码，并且按下"回车"或者单击"完成"按钮。

32. 然后，iTunes 会从备份中还原 iPhone，并且在它这么做的时候显示它的过程（见下图）。

33. iTunes 会重新启动你的 iPhone，显示它的控制窗口的所有选项卡，并且开始向它同步应用程序和其他内容。

当同步完成的时候，打开 Cydia，点击"管理"选项卡，然后点击"存储"按钮来看一下你的 iPhone 的分区的新的大小。

项目 44：应用一个主题到你的 iPhone 上

如果你想要使你的 iPhone 的用户界面看起来与众不同的话，你可以在上面应用一个主题。一个主题就是一个不同的外观——壁纸、图标等。

你可以使用 Cydia 下载一个主题，或者在网站上找到主题，并且自己应用它们。

使用 Cydia 安装一个主题

想要使用 Cydia 安装一个主题的话，请按照如下步骤进行操作。

1. 如果 Cydia 没有在运行的话，在主屏幕上点击"Cydia"按钮来运行它。

2. 点击"分类"选项卡来显示"分类"窗口。

 你也可以搜索主题。例如，点击"搜索"选项卡，然后在"搜索"窗口上输入"主题"——或者，如果你正在搜索一个你知道名称的主题的话，在名称中输入一个独特的单词。

3. 向下滑动到列表的"主题"部分。你将会发现在这里有大量的不同项目——主题、主题（运营商）、主题（完整的）、主题（系统）等。

4. 点击你想要浏览的主题的类别。

5. 点击你想要查看的主题。"详细信息"窗口就会出现。

6. 如果你想要安装主题的话，点击"安装"按钮。"确认"窗口就会出现。

7. 点击"确认"按钮。Cydia 会登录安装程序，它会下载并安装它。

8. 点击"返回 Cydia"按钮来返回到 Cydia。

大多数你使用 Cydia 安装的主题都包括用来选择主题的 WinterBoard 应用程序。如果你选择的主题不包括 WinterBoard 的话，或者如果你手动下载并安装一个主题的话，在 Cydia 中搜索"winterboard"，并且自己安装它。

手动安装一个主题

使用 Cydia 安装一个主题是很容易的，但是你在网上能够找到在 Cydia 包中不可用的其他主题。你需要手动安装这样的主题。请按照如下步骤操作。

1. 将主题下载到你的计算机上。

2. 解压缩包含主题的压缩文件。你将会获得一个包含主题文件的文件夹。

3. 使用 FileZilla 连接到你的 iPhone，如项目 41 中描述的那样。

4. 将包含主题文件的文件夹复制到/var/stash/Themes/文件夹中。

现在，你可以使用 WinterBoard 应用主题，如下一章节中描述的那样。

使用 WinterBoard 应用一个主题

在使用 Cydia 安装一个主题（或者手动安装它）以后，使用 WinterBoard 来应用主题。请按照如下步骤操作。

1. 按下主键来显示主屏幕。

2. 点击"WinterBoard"按钮来运行 WinterBoard 应用程序（见图 6-33 左侧）。

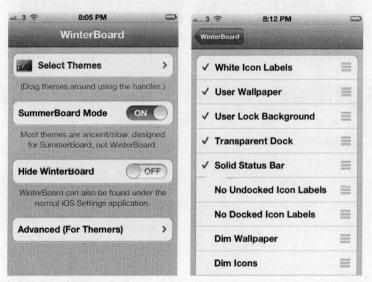

图 6-33　在"WinterBoard"窗口（左侧）上，点击"选择主题"按钮来显示用来选择主题元素的窗口（右侧），然后通过点击来在每一个你想要使用的项目上放置一个复选标记

3. 点击"选择主题"按钮来显示如图 6-33 右侧所示窗口。

4. 通过点击来在每一个你想要使用的项目上放置一个复选标记。

5. 点击左上角的"WinterBoard"按钮来返回"WinterBoard"窗口。

6. 点击左上角的"重启桌面"按钮来重新登录首页。然后你会看见如图 6-34 所示的主题。

图 6-34　在你重新登录首页以后，你选择的主题就会出现

项目 45：使仅用于 Wi-Fi 的应用程序在 3G 连接上运行

一些应用程序被设计为只能在 Wi-Fi 连接上运行，而不能既在 Wi-Fi 连接上又在 3G 连接上运行。

但是如果你有一个数据流量很大的合约计划，或者这个应用程序是非常重要，以至于你准备为你的运行支付额外的费用，你可能想要在 3G 上运行一个应用程序。

想要这样做的话，你需要一个叫作"My 3G"的应用程序。"My 3G"在 Cydia 商店需要花费 3.99 美元，但是有一个为期 3 天的免费试用期，这样的话，你将很可能想要先测试一下看看它是否适合你。

获取并安装"My 3G"

运行 Cydia，点击"搜索"选项卡来显示"搜索"窗口，然后搜索"My 3g"。点击搜索结果来显示"详细信息"窗口，点击"安装"按钮，然后点击"确认"按钮。当"完成"

窗口出现的时候，点击"重新启动首页"按钮来重新启动首页。

在主屏幕上点击"My 3G"图标来运行"My 3G"。如果你正在使用试用版本的话，在"欢迎来到 My 3G"窗口上点击"开始使用"按钮。然后，"My 3G"会下载一个使用许可，在这之后你不得不重新启动首页。

最简单的重新启动首页的方法就是通过在主屏幕上的状态栏上滑动你的手指来显示 SBSettings，然后点击"重启桌面"按钮。

现在，在主屏幕上点击"My 3G"图标来再一次运行"My 3G"，然后你就可以使用了。

分辨哪个应用程序需要在 3G 上面运行

现在，你需要做的就是分辨哪些应用程序是你想要在 3G 上运行的。通常情况下，你将只挑选特定的应用程序，而不是让整群的应用程序疯狂地使用超过你的数据流量限额。

在"My 3G"窗口（见图 6-35 左侧）上，点击代表每一个你想要使用的应用程序的按钮，在它旁边放置一个复选标记。

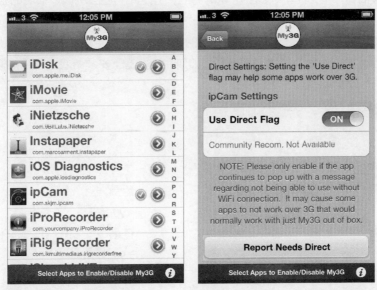

图 6-35　在"My 3G"窗口（左侧）上，通过点击来在每一个你想要在 3G 上运行的应用程序处放置一个复选标记；如果你发现一个应用程序显示它需要 Wi-Fi 的警告信息的话，在"My 3G"窗口上点击在应用程序按钮上的">"按钮来显示"设置"窗口（右侧），然后将"使用直接标志"开关移动到开启位置

在 3G 连接上运行你的应用程序

现在，你可以以在 3G 网络上而不是 Wi-Fi 无线网络上运行那些你选择的应用程序。如果你尝试运行一个应用程序，并且它给出信息说它需要 Wi-Fi 无线网络的话，像这样打开直接标志。

1. 返回到"My 3G"应用程序。例如，连续两次快速按下主键，然后在应用程序切换栏上点击"My 3G"图标。

2. 点击在应用程序按钮上的">"按钮来显示"设置"窗口（见图 6-35 右侧）。

3. 点击"使用直接标志"开关，并且将它移动到开启位置。

现在，再试一次这个应用程序，它应该可以在 3G 连接上工作了。

项目 46：玩模拟游戏

在"苹果商店"中，你可以找到大量的游戏，但是人们还想玩很多很老的游戏：世嘉 5 代、任天堂和超级任天堂、GBA、PlayStation……甚至古老的街机游戏。

想要玩不是设计在 iPhone 上运行的游戏的话，你需要安装和使用一个模拟器。

这个项目将告诉你如何让模拟器运行，如何在模拟器上安装游戏，以及如何运行游戏。

安装你的模拟器，并且让它运行

游戏机	模拟器	花费
世嘉 5 代	genesisphone	免费
GBA	gpSPhone	4.99 美元
街机游戏	mame4iphone	免费
任天堂	NES	5.99 美元
超级任天堂	snes4iphone	免费
PlayStation	psx4iphone	2.99 美元

想要获取这些模拟器的其中之一，请按照如下这些通用步骤操作。

1. 通过在主屏幕上点击 Cydia 的图标来打开它。
2. 点击"搜索"选项卡来显示"搜索"窗口。
3. 通过名称来搜索模拟器。
4. 点击搜索结果来显示"详细信息"窗口。
5. 点击"安装"按钮。Cydia 会显示"确认"窗口。
6. 点击"确认"按钮。Cydia 会运行安装程序，它会下载并安装应用程序。
7. 点击"返回 Cydia"按钮或者"重新登录主页"按钮。

在模拟器上安装游戏

想要安装一个游戏的话，如本章前面内容项目 41 中描述的那样，使用 FileZilla 连接到你的 iPhone。然后使用 FileZilla 将游戏的 ROM 文件复制到你的 iPhone 上合适的文件夹中。

- 世嘉 5 代　/var/mobile/Media/ROMs/GENESIS/

 一个 ROM 就是包含游戏的只读存储文件。如果你没有想要玩的游戏机的 ROM 的话，你可以在互联网上找到它们。

- GBA　/var/mobile/Media/ROMs/GBA/

 对于 GBA 来说，你必须在/var/mobile/Media/ROMs/GBA/文件夹中放置一个叫作 gba_bios.bin 的文件。你可以通过在线搜索来找到这个文件。

- 各种街机模拟器　/var/mobile/Media/ROMs/MAME/roms/
- 任天堂　/var/mobile/Media/ROMs/NES/
- 超级任天堂　/var/mobile/Media/ROMs/SNES/
- PlayStation　/var/mobile/Media/ROMs/PSX/

 对于 PlayStation 来说，你必须在/var/mobile/Media/ROMs/PSX/文件夹中放置一个叫作 scph1001.bin 的文件，你可以通过在线搜索来找到这个文件。如果你不能通过使用谷歌搜索找到这个文件的话，试一下雅虎。

在模拟器上运行游戏

在安装完游戏以后，你已经准备好要运行它们了。从主屏幕上运行模拟器，从你已经安装的游戏列表中挑选游戏，然后开始运行。图 6-36 左侧窗口显示了在 genesis4iphone 模拟器上的游戏列表。图 6-36 右侧窗口显示了准备进行操作的《真人快打 3》。

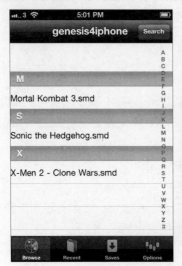 

图 6-36　在模拟器（左侧）上选择游戏，然后开始运行（右侧）

项目 47：打开你的 iPhone 并且看一下它的内部构造

与不容易打开（并且不是很容易合上）的早期 iPhone 不同，iPhone 4S 和 iPhone 4 是很容易打开的。一旦拥有了合适的螺丝刀，在底部拧两下，你就能将你的 iPhone 的后壳卸下来。

检查一下你的 iPhone 使用哪种类型的螺丝钉

首先，检查一下你的 iPhone 使用哪种类型的螺丝钉。将它翻过来，如下图所示，并且看一下在底部的底座连接器两边的螺丝钉。

- ❑ 十字螺丝钉。如果 iPhone 的螺丝钉有一个交叉型槽的话，你所需要的就是一个普通的十字螺丝刀，尺寸为#00。很多 iPhone 4 机型使用这种螺丝钉。

　□ Pentalobe　螺丝钉。如果 iPhone 的螺丝钉在顶部有一个五角星的话，你需要一个 pentalobe 螺丝刀。亦可以在网上任何地方以几美元的价格购买一个。例如，去 eBay 并且搜索"pentabole 螺丝刀"，或者"iPhone 开源工具包"。后期的 iPhone 4 以及大部分的 iPhone 4S 机型使用这种螺丝钉。

拿下 iPhone 的后壳

　　装备了十字螺丝刀或者 pentabole 螺丝刀以后，你可以像这样拆卸下你的 iPhone 的后壳：

　　1. 将 iPhone 关闭，以减少发生电气事故的机会。按住"睡眠/唤醒"按钮，直到"滑动来关机"滑块出现，然后滑动滑块。

　　2. 将 iPhone 正面朝下放置在一个平面的一块软布上。

　　3. 通过接触一个金属物体（不是你的 iPhone）来释放你所携带的静电。

　　4. 拧下在 iPhone 底部的两个螺丝钉，如下面插图中所示。将螺丝钉放在安全的地方——它们很容易丢失。

　　5. 按照下面插图所示，将 iPhone 的后壳向上滑到顶部。它将只能移动大约 2mm，但这就是解除扣锁所有要做的。

　　6. 抬起后壳。通常情况下，你的手指就能完成这项工作，但是你可能更喜欢使用一个

塑料的手机撬棒来代替（见下面插图）。

7. 将后壳拿下来。

识别 iPhone 的组件

在将后壳拿下来以后，你可以看见很多 iPhone 的关键组件（见图 6-37）。想要获取其他组件的话，你需要挖出电池，然后移走 EMI 屏蔽罩和天线/扬声器外壳。

再将后壳放回去

除非你打算在你的 iPhone 上"做手术"，否则的话，你应该在这个阶段将后壳放回去——或者像下一个项目中描述的那样以另外一个后壳来代替它。将后壳放在 iPhone 顶部几毫米的地方，然后滑下它，这样的话，锁扣就会锁死。然后，你可以将原来的螺丝钉放在里面——或者如果你买了替换螺丝钉的话，将它们放在里面。

 ## 高级技术达人

在你的 iPhone 上用十字螺丝钉代替 Pentalobe 螺丝钉

如果你的 iPhone 已经使用了 pentalobe 螺丝钉，并且你正计划不止一次打开它的话，可以考虑一下用十字螺丝钉代替 pentalobe 螺丝钉。Pentalobe 螺丝钉比十字螺丝钉更容易豁口。如果你将螺丝钉弄出豁口的话，你将需要将它们拽出来。这不是一件有意思的事情，即使你是心灵手巧的。

所以，如果你的 iPhone 使用 pentalobe 螺丝钉的话，在一组替代的十字螺丝钉上花费一些金钱是一个很明智的选择。你可以在 eBay 和很多其他网站上找到这些东西，你只需要使用像"iPhone 4S 后壳十字螺丝钉"这样的关键词在线搜索即可。

　　无论你是否决定替换螺丝钉，在拿出 pentalobe 螺丝钉的时候一定要十分小心，以免将它们弄出豁口。在将 iPhone 分开并且重新组装以后，检查一下 pentalobe 螺丝刀的磨损。你将很可能会发现即使在这么少的使用以后，螺丝刀也会坏掉。如果是这样的话，放弃现在的螺丝刀，因为下次它将把螺丝钉弄出豁口。

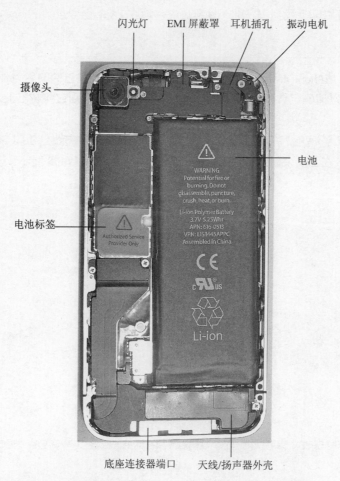

图 6-37　在将后壳拿下来以后，你可以看见 iPhone 的组件

项目 48：将一个个性化后壳放在你的 iPhone 上

如果你想要让你的 iPhone 在周围其他同类中与众不同的话，你可以在它上面放一个个性化后壳。这是一个使你的 iPhone 不同的简单办法——并且如果你想要的话，也可以给它一点更多的保障。

你可以在互联网上找到很多的个性化后壳。现在 eBay 上搜索"iPhone 4S 后壳"，看一下会有什么。

 iPhone 4S 和 iPhone 4 看起来十分相似，但是它们的后壳并不是相同的。所以请确定你获得的后壳是适合你的机型的；否则它将装不上。

一旦你购买了后壳，将 iPhone 关机，并且按照前面项目中描述的那样将后壳拿下来。将个性化后壳放在上面来替代，你将有一个独特的 iPhone（图 6-38 显示了一个例子）。

图 6-38　你可以将一个个性化后壳放在你的 iPhone 上来使它独一无二

项目 49：添加 NFC 到你的 iPhone 上

正如你在这本书中已经看见的一样，你的 iPhone 有很多令人惊奇的能力。但是有一个功能其他一些智能手机具有而它不具有——近场通信功能。

近场通信（NFC）就是能使一个智能卡与一个无线智能读卡器通信的技术，这样的话，你就不需要在一个读卡器中插入一张卡。例如，你可以将这张智能卡保存在你的钱包里，然后只是在读卡器上挥一挥你的钱包——而不需要打开钱包。

或者，你可以将智能卡保存在你的手机里。各种各样的其他智能手机，例如，诺基亚的 N9 有近场通信功能，并且专家们一直在期待苹果公司将 NFC 添加到 iPhone 上。在撰写本文的时候，苹果公司还没有这么做——但是你可以自己添加它。

想要将 NFC 添加到你的 iPhone 上的话，你所需要做的就是从你的银行获得一个微型 NFC 卡。各种银行都提供这种卡，但是很少大声谈论它们，所以很值得问一问。

一旦你已经获得了卡的话，将 iPhone 的后壳拿下来（如项目 47 中所描述的那样），将卡片放在电池的顶部，并且重新放回后壳。然后，你将能够使用你的 iPhone 进行 NFC 支付了。

　如果你的银行不能提供一个足够小的 NFC 卡来放在你的 iPhone 里，可将卡放在你的 iPhone 壳里来代替。你将会获得类似的效果，即使没有放在机身里那么利落。

项目 50：将你的 iPhone 反"越狱"回去

在你将你的 iPhone 按照本章开头所描述的那样"越狱"以后，你可能会发现你需要反"越狱"。这个项目将告诉你怎么做。

　当你将你的 iPhone 反"越狱"的时候，你将会失去 Cydia 和你已经安装的"越狱"应用程序。

想要反"越狱"你的 iPhone 的话，请按照如下步骤操作。

1. 将你的 iPhone 连接到你的计算机上，等待它出现在 iTunes 的"源"列表中。

2. 在"源"列表中单击进入你的 iPhone 来显示 iPhone 窗口。

3. 如果"摘要"选项卡没有显示的话，单击它。

4. 单击"恢复"按钮。iTunes 会显示一个确认对话框（见下图），来确保你知道你准备从设备上抹掉所有的数据。

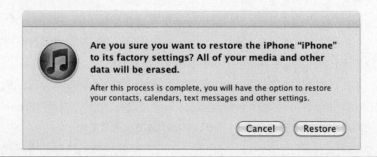

 如果一个新版本的 iPhone 软件可用的话，iTunes 会提示你恢复和升级设备，而不是仅仅只是恢复它。如果你想要继续的话，单击"恢复并且升级"按钮；否则的话，单击"取消"按钮。

5. 单击"恢复"按钮来关闭对话框。iTunes 会抹掉设备的内容，然后恢复软件，并且在它工作的时候显示你的工作过程。

6. 在恢复过程结束的时候，iTunes 会重新启动你的 iPhone。iTunes 在它这么做的时候会显示一个 10 秒的信息消息框。单击"完成"按钮，或者让倒计时器自动关闭那个信息框。

7. 当你的 iPhone 重新启动以后，它会出现在 iTunes 中的"源"列表中。出现的不是 iPhone 的普通选项卡窗口，而是"设置你的 iPhone"窗口（如本章前面的图 6-32 所示）。

8. 想要恢复你的数据的话，确保"从备份恢复选项"按钮被选择，并且确定正确的 iPhone 出现在下拉列表中。

9. 单击"继续"按钮。iTunes 会恢复你的数据，然后重新启动 iPhone，在它这么做的时候会显示另外一个倒计时信息框。单击"完成"按钮，或者让倒计时器自动关闭信息框。

10. 在你的 iPhone 重新启动并且出现在 iTunes 的"源"列表中以后，你就可以正常使用它了。